国际放射防护委员会第 148 号出版物

参考动物和植物的辐射权重

主译：刘玉龙 【日】王冰 崔凤梅

参译：第五娟 江其生 李 蓉

卞华慧 富晓霞 彭仁军

主校：徐 博 赵经洲 田 野

主审：柴之芳

中国原子能出版社

图书在版编目（CIP）数据

国际放射防护委员会第 148 号出版物：参考动物和植物的辐射权重 / 刘玉龙，（日）王冰，崔凤梅译著. -- 北京：中国原子能出版社，2023.4（2024.8重印）

ISBN 978-7-5221-1756-0

Ⅰ. ①国… Ⅱ. ①刘…②王…③崔… Ⅲ. ①辐射防护–国际放射防护委员会–出版物 Ⅳ. ①R14-20

中国国家版本馆 CIP 数据核字（2023）第 066785 号

ICRP Publication 148

Radiation Weighting for Reference Animals and Plants

参考动物和植物的辐射权重

出版发行	中国原子能出版社（北京市海淀区阜成路 43 号 100048）
责任编辑	赵 艳
装帧设计	侯怡璇
责任校对	冯莲凤
责任印制	赵 明
印 刷	北京厚诚则铭印刷科技有限公司
经 销	全国新华书店
开 本	787 mm×1092 mm 1/16
印 张	6.75
字 数	120 千字
版 次	2023 年 4 月第 1 版 2024 年 8 月第 2 次印刷
书 号	ISBN 978-7-5221-1756-0 **定 价 30.00 元**

网址：http://www.aep.com.cn **E-mail：atomep123@126.com**

发行电话：010-68452845

译者的话

ICRP 第 148 号出版物报道了国际上对 RBE 研究的数据，包括释放低能 β 粒子的氚和释放 α 粒子的放射性核素。物种之间的 RBE 值没有显示明显的差异，对于氚的 β 粒子而言，RBE 值与 X 射线相比集中在 1.5～2，与 γ 射线相比集中在 2～2.5 左右，而 α 粒子的相应值通常更高，约为 10。ICRP 出于保护目的，将生物群吸收剂量的 RBE 权重指定为所有 RAPs 的单一值，以适用于所有种群相关终点。委员会建议使用 RBE 加权吸收剂量，所有低 LET 辐射的生物群 RBE 权重定为 1，α 粒子定为 10。对所有低 LET 辐射使用单一值为 1，这与人类采用的保护方法一致。但是，如果估计氚 β 粒子或其他低能量、低 LET 辐射量在导出参考水平（DCRL）之内或接近该参考水平时，则可能需要使用更高的 RBE 值。

ICRP 第 148 号出版物在采纳的参考文献及氚 β 粒子降低生殖功能率的 RBE 资料中，多处引用了中国学者的相关文献及氚 RBE 的研究结果，展示了我国对氚研究所做的贡献。本书的翻译，旨在推动对氚的纵深研究，为氚的防护做出应有的贡献。

核工业总医院（苏州大学附属第二医院）刘玉龙主任医师通过中国原子能出版社胡晓彤编辑联系获得了 ICRP 第 148 号出版物的中文版权，期间得到了柴之芳院士的大力支持。随即刘玉龙组建了翻译组。翻译组由核工业总医院（苏州大学附属第二医院）刘玉龙主任医师、卞华慧博士，苏州大学崔凤梅教授、第五娟教授，日本国立研究开发法人量子科学技术研究开发机构（National Institutes for Quantum Science and Technology，Chiba，Japan）王冰博士，火箭军特色医学中心江其生教授、彭仁军博士，陆军军医大学李蓉教授，中核四川环保工程有限责任公司富晓霞工程师组成，刘玉龙、王冰、崔凤梅担任主译。为了便于统一用词，先由刘玉龙、崔凤梅译出名词术语，发给译者。各译者译后初稿再由刘玉龙和崔凤梅分别校对，然后由王冰完成第二次通校。最后由核工业总医院（苏州大学附属第二医院）徐博主任医师、赵经洲博士、田野博士通校全书。柴之芳院士抽审部分译稿。

特别致谢：苏州大学苏州医学院放射医学与防护学院 2020 级特种医学专

业博士研究生陈磊，2022 级放射医学专业博士研究生关静雯、孙绮雯，2019 级放射医学专业硕士研究生洪昇，2020 级放射医学专业硕士研究生陈梦萍参与了部分章节的翻译工作；核工业总医院（苏州大学附属第二医院）贾净雅女士、苏州大学苏州医学院第二临床医学院 2022 级肿瘤学专业硕士研究生赵卫国，苏州大学苏州医学院放射医学与防护学院 2022 级放射医学专业硕士研究生耿小芳，苏州大学苏州医学院 2022 级临床医学（5+3 一体化）专业学生李晨阳、施嘉诚、马雅雯参与了全文的校对工作。

译校者本着充分尊重英文原意，并尽可能以通俗易懂的措辞进行中文表达的原则，但受译校者专业水平和能力所限，难免错漏，欢迎批评指正。

该出版物对放射医学、放射化学、辐射防护和放射学相关专业人员、科研人员，以及大专院校相关专业师生具有重要的参考价值。

译　者

2022 年 9 月 30 日

参考动物和植物的辐射权重

ICRP PUBLICATION 148

ICRP 于 2019 年 5 月批准

摘要：人们很早就认识到，给定的电离辐射吸收剂量（Gy）对生物体的生物影响程度可能因所涉及的辐射类型而异。这种差异已经通过实验进行量化，并被定义为特定辐射类型的相对生物效能（RBE）。RBE 值由实验确定，是产生相同水平观察效应的测试辐射和 LET 参考辐射的剂量比。研究人员在包括人和动物细胞的体外实验以及动物体内实验中，测量了多种终点的 RBE 值。此类研究表明，RBE 的大小不仅取决于剂量以及传递剂量的辐射的类型和能量，还取决于传递剂量的速率，最重要的是，取决于所研究的生物终点。基于将该知识应用于人类放射防护的需要，对 RBE 数据进行汇总和分析，以得到“辐射权重因数”，从而推导了放射防护量“剂量当量”（单位为希沃特，Sv），其含义是吸收剂量乘以适用于所考虑辐射类型的辐射权重因数。尽管对人类保护的重点是避免组织反应（确定性）和限制随机性效应（癌症或遗传效应），但生物群保护的重点主要是与群体生存能力相关的终点。本出版物回顾了一种低能量 β 辐射源（氚）和多种 α 辐射核素的生物群相关 RBE 数据。对于氚，报道的 RBE 值与 X 射线相比集中在 1.5～2 左右，与 γ 射线相比集中在 2～2.5 左右。对于 α 粒子，相应数值通常要高得多。ICRP 建议出于保护目的，使用 RBE 加权吸收剂量，所有低 LET 辐射的生物群 RBE 权重为 1，α 粒子为 10。对所有低 LET 辐射使用单一值 1，这与人类采用的保护方法一致。但是，如果估计氚 β 粒子或其他低能量、低 LET 辐射的剂量在 DCRL 之内或接近该参考水平时，使用更高的 RBE 值可能更可靠。

关键词：DCRL；RBE；氚；辐射权重

要　点

本出版物回顾了氚发射的低能 β 粒子和发射 α 粒子的放射性核素的相对生物效能 RBE 研究的数据。RBE 值由实验确定，是产生相同水平的观察效应的测试辐射和低传能线密度（linear energy transfer，LET）参考辐射剂量的比值。

物种之间 RBE 值没有明显的模式差异。对于氚而言，与 X 射线相比，报道的 RBE 数值集中在 1.5～2 左右，与 γ 射线相比，报道的 RBE 数值集中在 2～2.5 左右。α 粒子的值通常较高，约为 10。

出于保护目的，根据现有知识，针对所有参考动物和植物（reference animals and plants，RAPs），将适用于所有种群相关终点的生物群吸收剂量的 RBE 权重指定为单一值是合理的。

计算 RAPs 的 RBE 加权吸收剂量率，对所有低 LET 辐射应使用 1，对 α 粒子应使用 10，以便与导出参考水平（derived consideration reference level，DCRL）进行比较。

需要注意的是，如果暴露于氚 β 粒子，或其他低能量、低 LET 辐射的剂量，在 DCRL 范围之内或接近 DCRL，则可能需要进行额外审查并对 RBE 权重进行修订。

目　录

目录

1 总 论

1.1 ICRP 对环境保护的立场

（1）ICRP 的环境保护目标是防止或减少对生物群的有害辐射影响达到一定的水平，使其对维持生物多样性、物种保护、或自然栖息地、社区和生态系统的健康和状况的影响都可以忽略（ICRP，2007 年）。因此，最相关的生物学终点是那些可能导致种群规模或结构变化的终点（联合国原子辐射效应科学委员会，2008 年）。由于生物群的巨大多样性及其对辐射的假定反应，任何可信的系统都需要一些关键参考点，以提供某种形式可将框架的基本要素联系在一起的可查证的线索，或者，至少在获得更多的数据之前可以这样做，如果获得这样的数据是可行的。因此，委员会为几种典型的主要环境生物开发了一套包括 12 种 RAPs 及其相关特征的数据库，这 12 种 RAPs 是主要环境中的典型生物（ICRP，2008 年）（表 1.1）。

表 1.1 ICRP（第 108 号出版物 2008）中首次介绍的参考动物和植物的特征和描述

参考生物体	环境	描述
鹿	陆地	大型陆生哺乳动物
大鼠	陆地	小型陆生哺乳动物
鸭子	水生	水鸟
青蛙	水生	两栖动物
鳟鱼	水生	淡水鱼
比目鱼	水生	海鱼
蜜蜂	陆地	陆生昆虫
螃蟹	水生	海生甲壳动物
蚯蚓	陆地	陆地环节动物
松树	陆地	大型陆生植物
野草	陆地	小型陆生植物
褐藻	水生	海藻

（2）在考虑了对这些类型生物群的相关辐射影响后，为不同类型的 RAPS 定义了一套以每天吸收剂量（mGy/d）为单位的 DCRLs（ICRP，2008）。DCRL 可视为一个剂量率范围，跨越一个数量级，在该剂量范围内，存在电离辐射对该类型 RAP 个体产生有害影响的可能性。因此，当与其他相关信息一起考虑时，DCRLs 可用作参考点，根据总体管理目标、暴露场景、实际存在的动植物以及由此暴露的种群个体数量，确定应采取环境保护措施的力度。基于当前的知识水平，认为最合适的 DCRLs 如图 1.1 所示。图 1.1 中所列的 DCRLs 不包括辐射加权。

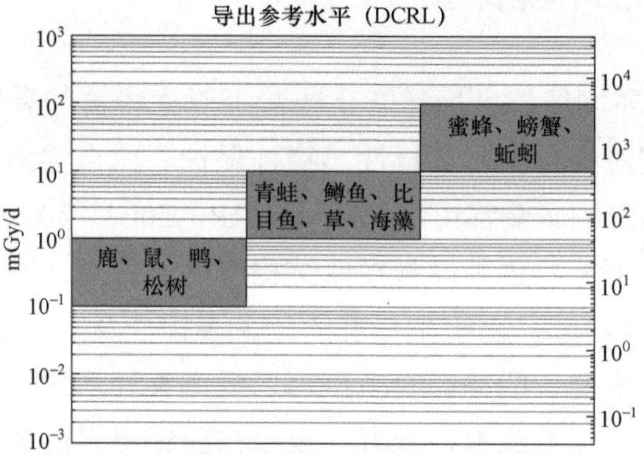

图 1.1　为环境保护得出的 RAPs 的 DCRL

（3）根据定义，由于 RAPs 是参考点，因此在某些情况下，有必要考虑确定与暴露情况相关的代表性生物（representative organisms，ROs）。ROs 很可能与 RAPs 相同或相似。差异可以根据其基本生物学、剂量测定和辐射效应进行量化。如 124 号出版物（ICRP，2014）所述，需要根据评估的情境，考虑这些因素之间差异的程度，以及对最终决定使用的 RBE 值的影响。

（4）136 号出版物（ICRP，2017）更新了 108 号出版物（ICRP，2008）中提供的数据，提供了 RAPs 的剂量系数。为内外照射均提供了剂量系数，即平均器官质量的吸收剂量率（mGy/h・Bq・kg）。对于内照射，单独给出了 α 粒子、低能 β 粒子和 γ 辐射（有效剂量＜10 keV），以及所有其他 β 和 γ 辐射（有效剂量＞10 keV）的值。分别给出剂量贡献是考虑辐射类型和能量在单位吸收剂量的效应引起确定性效应的不同。

（5）在适用于人类保护的体系中（ICRP，2007），不同辐射类型的器官和组织的吸收剂量乘以辐射权重因数（W_R），然后将剂量贡献求和得到剂量当量，以希沃特（Sv）表示。W_R 值的选择主要基于针对随机效应（癌症或遗传效应）相关的生物终点确定的不同辐射类型的 RBE 的实验数据。RBE 值由实验确定，是产生相同水平的观察效应的测试辐射和 LET 参考辐射的剂量比。

（6）作为低能量、低 LET 辐射的一个重要实例，本出版物对与氚β粒子暴露相关的 RBE 数据进行了综述。还总结了发射α粒子的放射性核素造成的生物效应的 RBE 数据。根据对这些数据的分析，吸收剂量的 RBE 权重建议使用与第 136 号出版物（ICRP，2017）中提供的与 RAPs 相关的剂量系数。目的是将这些值用于计算辐射加权的吸收剂量率，以便与 DCRLs 和 ROs 的相应数据进行比较。该出版物还提出了需要收集更多物种的 RBE 数据的需求。

1.2 相对生物效能与参考动物和植物的相关性

（7）与保护非人类物种最相关的生物终点是那些可能导致种群规模或结构变化的终点，包括存活、生殖力以及生殖和发育障碍。这类效应通常被归类为组织反应（以前为确定性效应），并且发生在阈值以上，严重程度随着剂量的增加而增大（ICRP，2007）。由于现阶段知识的匮乏，出于保护非人类物种的目的，目前未评估 DNA 损伤、染色体畸变、突变和诱发肿瘤等被归类为随机效应的生物终点对种群生存能力的影响。这种效应被认为是在没有阈值的情况下发生的，其发生概率（非严重性）会随着剂量的增加而增大（ICRP，2003，2007）。广义而言，称为“随机”的效应（即癌症或遗传效应）是由细胞中的非致死突变事件引起的，而称为“组织反应”的效应通常是由细胞杀死和其他组织异常引起的。

（8）本出版物中将生物学数据分为 4 类，即死亡率、生殖功能障碍、发病率和染色体损伤。诱发癌症的数据包含在发病率类别中。因此，为了数据的完整性和便于进行比较，该类数据包括了关于癌症和染色体损伤的相关性较低的随机效应数据与关于组织反应的直接相关数据。

（9）ICRP 先前总结了关于随机效应的 RBE 数据，以此作为设定计算人类当量剂量和有效剂量的 W_R 值的依据（ICRP，2003，2007）。有效剂量用于设定限值、约束条件和参考水平，以及优化对癌症和遗传效应的保护。尽管 W_R 值旨在适用于随机效应，ICRP 还对组织的当量剂量设定了限制，以防止发生组织反应（手、脚、皮肤、眼睛的晶状体等部位）（ICRP，2007）。

（10）对于所有能量的光子和电子，使用的 W_R 值为 1（ICRP，2007）。尽管公认 RBE 差异高达 4 倍，但在较低能量下具有较高值。对于诱发癌症或遗传效应，α粒子的 W_R 取值 20。尽管现有数据表明，不同终点的 RBE 值不同（ICRP，2007），例如α粒子诱发白血病的值较低（RBE＝1～2）、肺癌和肝癌的值较高（RBE＝10～20），但 W_R 的目的是保护目标，从而平衡科学准确性与简单实用方案。

（11）同样，在使用 RBE 数据作为选择 RBE 加权值的基础来计算 RAPs 的辐射加权吸收剂量率时，需要一个适用于所有辐射、物种和效应的简单方案。然而，应用中存在重大差异，特别是非人类物种，目的是将估算剂量率与最相关的 DCRLs 进行比较。由于 DCRLs 被设置为关注的剂量率范围的数量级，需要考虑辐射的 RBE 效应是否会导致达到或突破 DCRL。

（12）在计划暴露情况下，出于保护人类的剂量限制和剂量约束被设定在不会发生组织反应和推断的随机效应风险非常小的水平。优化导致实际暴露通常远低于限制和约束。在现有的暴露情况下，也提供了高水平的保护，其中选择了一个适当的参考水平，该参考水平将为优化工作提供信息，并将随时间适当调整。然而，DCRL 设定为可能产生有害影响的吸收剂量率；因此，选择适当的权重因数与我们理解影响的可能性和保护措施的必要性直接相关。第 124 号出版物（ICRP，2014）中概述了计划暴露和现有暴露情况下优化（为了环境保护）和 DCRLs 之间的关系。

（13）ICRP 的环境保护方法旨在成为一种合理而谨慎的方法，以了解物种或种群何时可能会受到影响。为此，当需要关注辐射时，考虑 RBE 可能很重要。ICRP 目前并没有建议一个单独的保护量或权重因数术语，因为这可能会被视为给该方案增加不必要的复杂性。同样，ICRP 对待环境保护的方式也不同于对人类的保护，因此没有具体说明影响是确定性的还是随机性的。仍需要通过许多研究来阐明导致感兴趣效应的可能机制。当使用 RBE 加权时，应明确记录原始测量值和所用加权值，以确保结果的透明性和再现性。

（14）ICRP 先前还总结了关于组织反应的 RBE 数据，考虑了α粒子、中子和重离子；这些数据和分析附在附录 A 和 C 中，以供参考（ICRP，1990）。无论是人为来源还是自然产生的α粒子核素，发射α粒子的放射性核素可能是非人类物种的重要剂量来源。在特定情况下，氚暴露也是一个值得关注的问题，已对其 RBE 进行了一系列研究。

（15）在附录 B（氚）和 C（发射α的放射性核素）中提供了 RBE 的详细数据，最后提供基于这些数据的辐射权重因数。附录 A 详细讨论了 RBE 的影响因素。

2 氚β粒子的相对生物效能

2.1 引言

（16）附录 B 中提供了关于氚β粒子的 RBE 数据，本节对主要数据和结论进行总结。大多数研究使用氚水（HTO）作为辐射源。有机结合氚（organically bound tritium，OBT）的信息很少。对哺乳动物的研究最多（80%的数据），既有实验室饲养的动物（主要是小鼠）体内研究，也有体外（人类细胞或已建立的细胞系）研究。其他 RAPs 相关的氚β粒子 RBE 值信息非常有限：一种鱼（青鳉）的 6 个 RBE 值和一种昆虫（果蝇）、一种陆生植物、一种微管陆生植物（蚕豆）和一种多角毛藻（锥虫病）的单个 RBE 值。上述研究对组织反应和随机效应终点均进行了分析。

（17）关于所使用的参考辐射，γ辐射（来自 ^{60}Co 或 ^{137}Cs）比正电压 X 射线使用得更加频繁（占所有数据的 75%）。在严格审定了氚以 HTO 形式摄入时的 RBE 值后，一般而言，当使用γ射线而不是 X 射线作为参考辐射时，氚β粒子的 RBE 值几乎是前者的二倍（Straume 和 Carsten，1993；加拿大环境部和加拿大卫生部，2003 年；Kocher 等，2005 年；Little 和 Lambert，2008；UNSCEAR，2016 年）。

（18）由于其较低的β粒子能量（平均 5.7 keV），因此来自二次电子在水中的氚径迹平均LET为4.70 keV/μm，这可以与 ^{60}Co 的1 173和1 332 keV γ射线在水中产生的 0.22 和 0.52 keV/μm 径迹平均 LET 相比较（ICRU，1970）。最终结果是氚的低能（0.1～5 keV）β粒子和/或二次电子对组织的剂量比例约为 78%。这与 ^{60}Co 射线产生的低能二次电子对剂量贡献小得多的 33%形成对比（Nikjoo 和 Goodhead，1991）。

（19）还必须注意的是，在此处审定的所有研究中，参考辐射（X 射线或γ射线）是外部源，而氚是内部给药的，并估算了吸收剂量。虽然组织中氚β粒子的范围较低，但 HTO 的均匀分布使得平均吸收剂量的比较是有效的。

（20）尽管生物群在自然环境中摄入氚的方式是吸入、皮肤吸收或消化道摄入，但几乎所有的体内实验研究都采用腹腔或静脉注射。然而，一般而言，不同的暴露/给药途径导致氚在不同器官和组织中的分布相似。关于照射进度，包括按指数递减剂量率（单次氚注射）或恒定剂量率（多次注射或单次注射后摄入饮用水中的氚）的实施方式。参考辐射（γ射线或 X 射线）为以恒定剂量率或指数下降的剂量率照射以模拟氚β粒子照射的时间进程。

（21）尽管所分析的氚β粒子剂量和参考辐射剂量及剂量率的范围很广，但大多数研究使用的剂量和剂量率远高于计划或现有环境中发现的剂量和剂量率（但许多在 DCRL 范围内）。然而，确定 RBE 值时假设这些数据可用于不同的生物学终点：早期死亡率、生殖功能障碍、发病率以及染色体损伤和突变。

（22）在下文针对不同终点提供的汇总中，未列出从单项研究中获得的 RBE 值的不确定性-该信息可在附录 B 中获得。类似地，此处未确定参考辐射，但如上所述，当使用γ射线作为参考辐射时，RBE 值往往比使用 X 射线进行比较时更大。

2.2 不同生物学终点的氚β粒子的相对生物效能值

（23）对于早期死亡率，啮齿动物和陆生微管植物的氚β粒子 RBE 值在 1.0～1.7（3 个可用值）范围内（图 2.1），均与 HTO 相关。图中每种参考 RAPs 的 DCRL 以不同深浅色带显示。

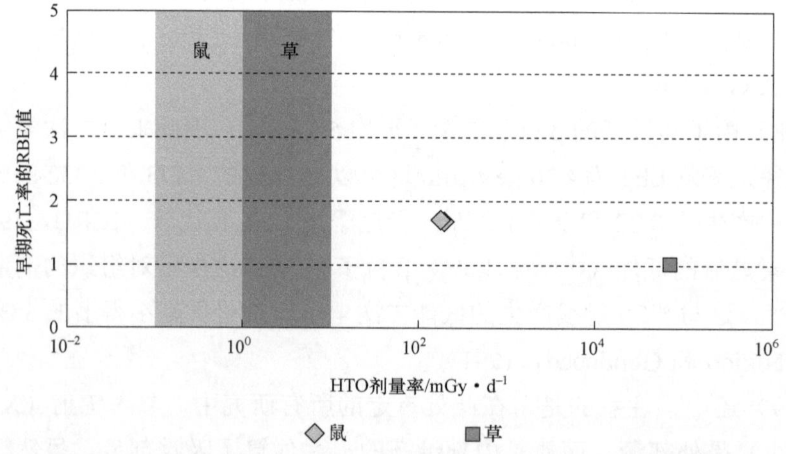

图 2.1　对于早期死亡率，RBE 与氚β粒子（HTO）剂量率的函数

（24）对于生殖功能障碍，氚β粒子的 RBE 值在 1.0～3.9 范围内，与啮齿动物、鱼类和多毛类蠕虫有关（图 2.2）。所有这些都是基于 HTO 获得。图中每种参考 RAPs 的 DCRL 以不同深浅色带显示。

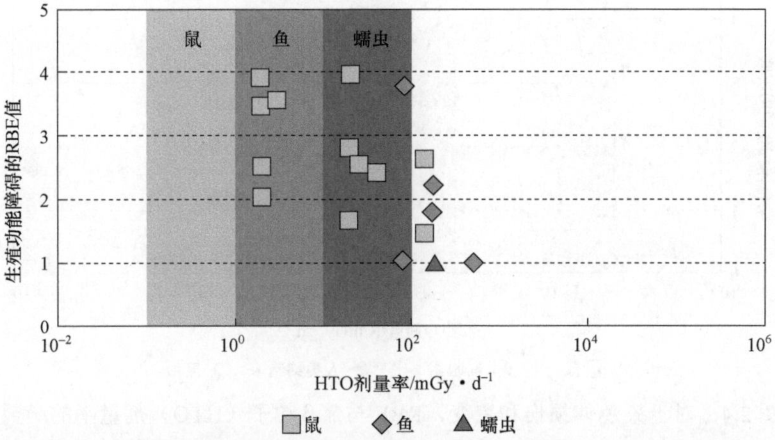

图 2.2　对于生殖功能障碍，RBE 与氚β粒子（HTO）剂量率的函数

（25）可获得的与发病率相关的氚β粒子的 RBE 值，显示在 1.0～2.5 范围内（图 2.3），并且与使用 HTO 的啮齿动物（大鼠、小鼠、鼠白血病细胞、仓鼠细胞）单独相关。图中灰色带为参考动物的 DCRL。

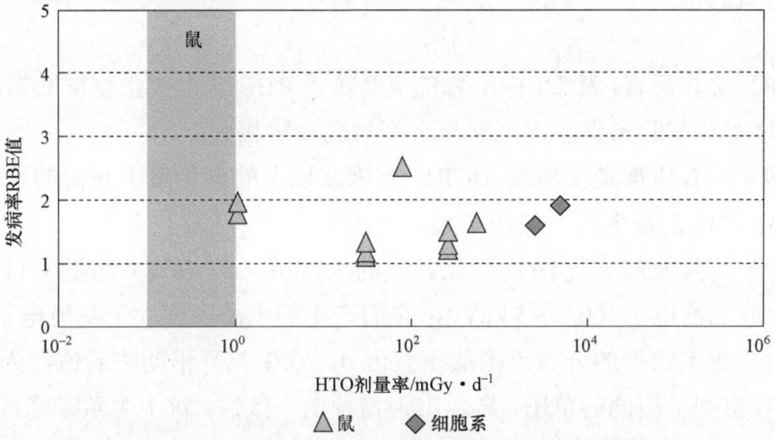

图 2.3　对于发病率，RBE 与氚β粒子（HTO）剂量率的函数

（26）对于染色体损伤和诱导突变，氚β粒子的 RBE 值在 1.0～3.8 的范围内（图 2.4），图中数据仅与昆虫和哺乳动物相关，并且都与 HTO 有关。应注意，从亚细胞数据（如染色体损伤和突变率）外推至观察到的整个生物体

的效应存在很大的不确定性。不过，该数据仅供参考。

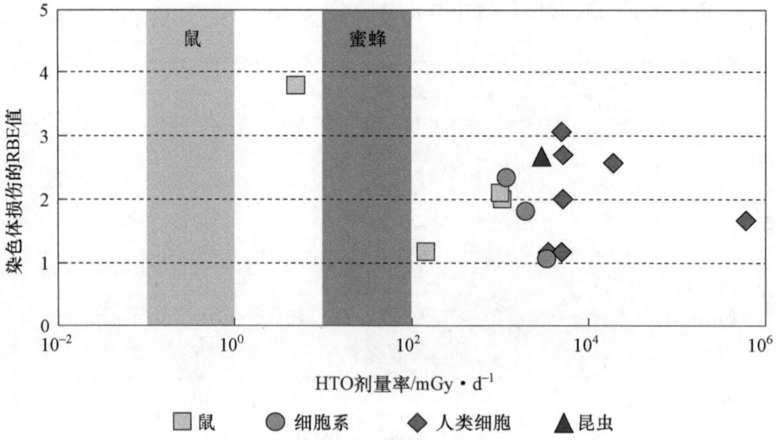

图 2.4　对于染色体损伤和突变，RBE 与氚 β 粒子（HTO）剂量率的函数

（27）关于氚作为 DNA 前体（如氚化胸苷）给药后氚 β 粒子的 RBE 值，由于所使用的实验条件、所选择的生物学终点和剂量学不确定性，无法从 4 项研究中得出任何结论。

2.3　结论

（28）总体而言，表 2.1 中汇总的氚 β 粒子 RBE 非人类生物群数据涵盖了一系列终点和实验条件，但主要与小型哺乳动物相关。

（29）所有值都是在相关 DCRL 范围或以上的剂量率下获得的。研究显示，RBE 值随剂量率的降低而增大。

（30）与其他放射性核素相比，氚的大部分（约 78%）剂量来自低能 β 粒子和/或二次电子（0.1～5 keV），它们产生的电离密度大于高能电子。

（31）鱼类数据的分布范围从 1 到近 4，水生无脊椎动物的值约为 1。在大鼠中观察到了相同的范围，显示出跨物种的一致性。对于生殖率降低，RBE 值在 1～3.9 的范围内。

（32）总体上，根据 UNSCEAR（2016）的结论，与 X 射线相比，数值集中在 1.5～2 左右，与 γ 射线相比，数值集中在 2～2.5（见附录 B）。

表 2.1　文献中描述的氚β粒子（以氚水形式摄入的氚）的 RBE 值范围

RBE 范围	分析终点		报告的 RBE 值的数量	试验模型
	体内/离体	体外		
1～2	死亡；生殖能力（生育力和繁殖力）；细胞存活；染色体畸变；椎体异常；肿瘤发生率	胚胎存活；染色体畸变；细胞存活；突变	42	鱼；植物；海洋无脊椎动物；哺乳动物（小鼠、大鼠、仓鼠、人类原代细胞、细胞系）
2～3	生殖能力（生殖细胞存活和总植入物的异常，生殖细胞中显性致死和与性别相关的隐性致死突变）；细胞存活；肿瘤进展	造血祖细胞的存活；染色体畸变；双着丝粒；突变	25	鱼；昆虫；哺乳动物（小鼠、大鼠、人类原代细胞、细胞系）
3～4	生殖能力；染色体畸变和突变	染色体畸变；突变	7	鱼；哺乳动物（小鼠、人类原代细胞、细胞系）

3　α粒子的相对生物效能

3.1　引言

（33）α粒子 RBE 值的可用数据和相应引文的综述见附录 C；此处包含主要数据的摘要。发现了约 90 篇文章，讨论了与非人类生物群的α粒子 RBE 相关的研究。对其中 58 篇进行了详细审查，其余的被认为在剂量学方面的精度不够，或有其他方面的不足。表 3.1 提供了内部沉积α粒子 RBE 值的总结。

表 3.1　报告的α粒子的 RBE 值*的总结

RBE 范围	分析终点		报告 RBE 值的出版物编号	实验模型
	体内/体外	体外		
0～4	肿瘤诱导；器官/组织效应	细胞存活、DNA 损伤和双链断裂；染色体畸变和细胞转化	33	哺乳动物（狗、小鼠、大鼠、细胞系）；鱼
5～10	肿瘤诱导；器官/组织效应	细胞存活、DNA 损伤和双链断裂；染色体畸变和细胞转化	24	哺乳动物（狗、小鼠、大鼠、细胞系，肿瘤细胞）
11～20	肿瘤诱导	DNA 双链断裂和染色体畸变	4	哺乳动物（狗、小鼠、大鼠、细胞系）
＞20	肿瘤诱导；对造血组织的影响	染色体畸变	7	哺乳动物（狗、小鼠、仓鼠、大鼠、细胞系，肿瘤细胞）

注：*RBE 值来自原始参考文献；36 项研究提供了足够的信息来计算 RBE_m（组织学反应的最大 RBE），其中 72%的值＜10；14 项研究有足够的信息来计算 RBE_M（随机性效应的最大 RBE），其中 64%的值＜10；更多信息参见附录 C。

（34）大多数被引用的文献要么直接给出 RBE 值，要么提供来自暴露效应模型或生存曲线的详细数据，以此可以计算α粒子的 RBE 值。可以根据生存曲线的斜率计算 RBE_m 或 RBE_M 的最大值，其中 m 和 M 分别表示组织学反应和随机终点（参见附录A和词汇表的定义），这些数据包含在附录C中。

（35）除了从内部沉积的每秒α发射体的研究中获得的RBE值外，本出版物还考虑了一些涉及外部暴露于裂变中子的实验研究获得的RBE数据（对常规内照射来说，其LET与α粒子相似）。

3.2 不同生物学终点的α粒子的相对生物效能值

（36）在哺乳动物中，死亡率的结果是因大范围大剂量照射而引起严重细胞耗竭，造成主要器官功能障碍所致。生物体的死亡是因特定器官的损伤而导致。很少有针对该终点的RBE研究。

（37）在综述的58篇论文中，有14篇研究了α发射体对生殖功能障碍的影响。这些研究中使用的参考辐射是X射线，范围从60～120 kVp，以及来自高能γ射线源如 ^{60}Co 等。需要注意的是，使用X射线作为参考辐射获得的RBE值，可能比使用 ^{60}Co 获得的RBE值低1/2。常用的α发射体有 ^{238}Pu、^{239}Pu 和 ^{210}Po。通过报告或计算获得的RBE值范围广泛；但大多数都在1～5的范围内，很少有论文报告α粒子的RBE值＞5。大多数RBE值是从以高剂量率情况下暴露于高剂量的啮齿动物或啮齿动物细胞的研究中获得的。图3.1显示了与生殖功能障碍相关的研究报告中的RBE值与剂量率，图中每种参考RAPs的DCRL以不同色带显示。

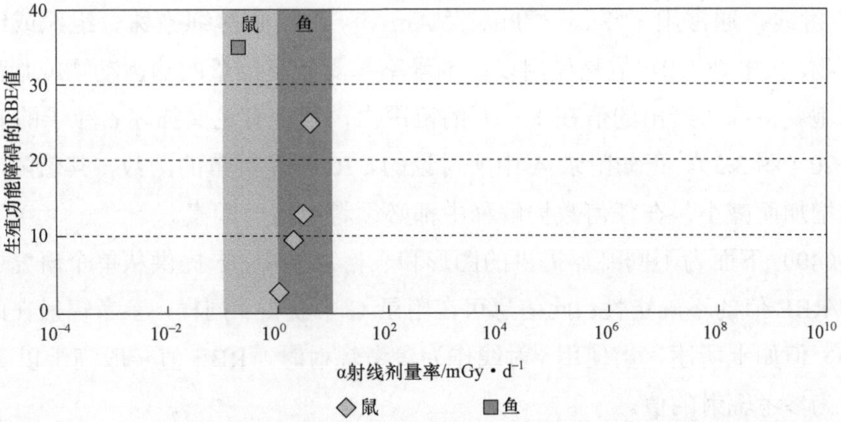

图3.1 对于生殖功能障碍，RBE与α发射体剂量率的函数

（38）仅 6 份出版物报告了与发病率相关的α粒子的 RBE 值。使用的参考辐射是 ^{60}Co γ射线和 220kVp X 射线。通常使用的α发射体是钚和镭的同位素，报告了一系列 RBE 和 RBE 最大值，均＜11，大多数＜5（图 3.2）。

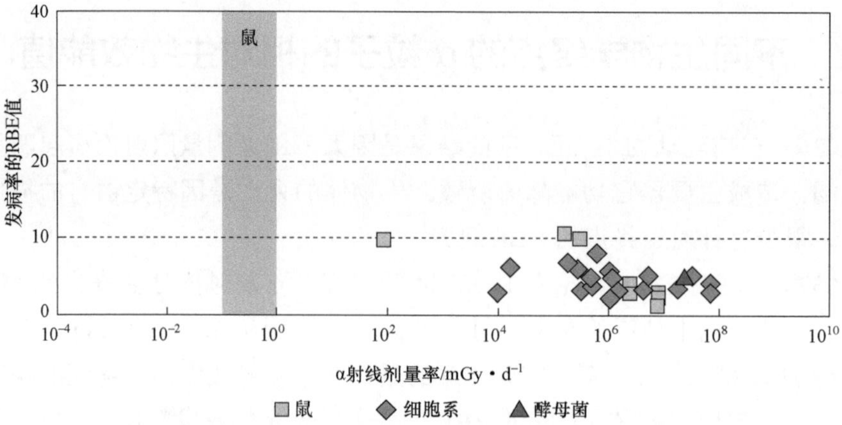

图 3.2　对于发病率，RBE 与α发射体剂量率的函数
（细胞系包括啮齿动物成纤维细胞、气管上皮细胞和人类皮肤成纤维细胞）

（39）仅 26 篇文章分析了α发射体引起的染色体损伤和突变。然而，应该注意的是，这些影响本质上是随机的，目前还不确定如何将这些影响外推到相关终点。这些研究中使用的参考辐射是 80 kVp～300 kVp 的 ^{60}Co γ射线或 X 射线。通常用 ^{238}Pu、^{239}Pu、^{241}Am 和 ^{226}Ra 照射细胞株、组织或细胞培养物。大多数 RBE 值是使用以高剂量率暴露于高剂量的啮齿动物或啮齿动物细胞获得的，给出的值在 1～10 的范围内，很少有论文描述α粒子的 RBE 值＞20（图 3.3）。正如附录 A 中所讨论的，RBE 是剂量的函数，其值随着剂量的增加而减小，在任何数据解释中都必须考虑这一因素。

（40）下面为不同终点提供的图形和表格总结中，未提供从单个研究中获得的 RBE 值的不确定性；此信息可在附录 C 中获得。同样，参考辐射在此未明确，但如上所述，当使用γ射线作为参考辐射时，RBE 值一般高于以 X 射线作为参考辐射的值。

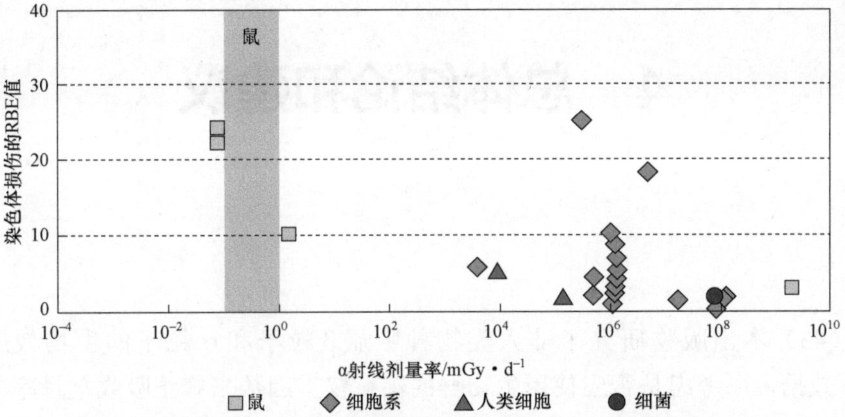

图 3.3　对于染色体损伤和突变，RBE 与α发射体剂量率的函数
（细胞系包括啮齿动物成纤维细胞和人淋巴细胞）

3.3　结论

（41）至于氚，显然可用于α发射体的数据主要与脊椎动物相关，主要是小型哺乳动物的生殖功能障碍和发病率。总的来说，关于α粒子 RBE 的非人类生物群数据是有限的。尽管 Knowles（2001）对结果持保留意见，认为值＜35 代表上限，实际值更有可能在 7～20 的范围内，但鱼的单一值（图 3.1）是有意义的。此外，由于其不均匀分布和能量沉积范围短，α剂量学很复杂。在评估α辐射源的影响时，应详细考虑这些因素。

（42）这里总结的 RBE 值都是在相关 DCRL 范围内或以上的剂量率下获得的，尽管数据在所包括的物种中极为有限，得到的值范围很广，但以 10 数量级的值为中心。

4 总体结论和建议

（43）本出版物研究了非人类物种中氚 β 粒子和 α 粒子的生物效应的 RBE 数据，以考虑是否应使用生物群的辐射权重因数来修正吸收剂量率的估计，以便与 DCRLs 比较。RBE 值根据包括研究终点、采用的剂量和剂量率以及参考辐射在内的因素而变化。然而，总体而言，各物种和各种细胞系获得的数值似乎有一定的一致性，这与不同辐射类型每戈瑞有效性差异的共同物理基础有关。生物体之间的这种相似性表明，在缺乏更好信息的情况下，RBE 权重可以合理地应用于所有 RAP 和在特定暴露情况下确定的 ROs（见第 1 节）。该出版物还确定了收集更多物种的 RBE 数据的必要性。

（44）氚 β 粒子和 α 粒子的可用 RBE 数据是在相应 DCRLs 或以上的剂量率下获得的。如附件 A 中详细讨论的，随着剂量和剂量率的降低，RBE 值趋于增大至最大值。对于最受关注的组织反应存活，这些考虑因阈值的存在而变得复杂，低于阈值时未观察到影响。然而，组织反应的外推 RBE 值似乎在很大程度上与低于阈值水平的剂量无关（见附件 A）。因此，就本出版物而言，认为基于观测到的 RBE 数据提出生物群辐射权重因数的建议是合理的，无需进一步调整即可获得组织反应的 RBE_m 值和随机效应的 RBE_M 值，尽管某些研究的 RBE_m 和 RBE_M 值是用发射 α 粒子的放射性核素计算的（附件 C）。

（45）生物学终点分为 4 类：死亡率、生殖功能障碍、发病率和染色体损伤/突变。虽然前两类可明确视为组织反应并与存活相关，但一些发病率研究和所有染色体损伤/突变研究均与随机效应相关，在本出版物的上下文中，它们的相关性更具质疑性。一般而言，组织反应的 RBE 值往往低于随机效应的值。然而，特别是在氚的情况下，以及对于 α 粒子的情况下，在各种终点观测到的 RBE 值范围没有明显差异。因此，在提出一般应用的辐射权重时，考虑所有可用数据是合理的。

（46）与规定用于人类保护的权重因数的方法一致，建议所有低 LET 辐射应使用 1 的 RBE 权重因数，暴露评估和估计剂量与相关 DCRL 的比较中α粒子应使用10的值。如果氚β粒子或其他低能量、低LET辐射的内部暴露量在DCRL之内或附近，则可能需要进行额外审查并对吸收剂量的权重进行可能的修改。

（47）这些建议与UNSCEAR（2008年）关于非人类物种的建议一致。在其报告附件E中，委员会建议内部沉积的α辐射的加权系数为10，β和γ辐射的RBE加权系数为1。这些建议旨在通用基础上适用于所有生物体和终点。

（48）这些RBE加权因数可与出版物136（ICRP，2017）中提供的剂量系数一起使用，该出版物为内部沉积的高LET、低能量和高LET辐射的放射性核素提供了单独的吸收剂量率值。

5 参考文献

Environment Canada, Health Canada, 2003. Priority Substances List Assessment Report. Releases of Radionuclides from Nuclear Facilities (Impact on Non-Human Biota). PSL2. Environment Canada and Health Canada, Ottawa.

ICRP, 1990. RBE for deterministic effects. ICRP Publication 58. Ann. ICRP 20 (4).

ICRP, 2003. Relative Biological Effectiveness, Radiation Weighting and Quality Factor. ICRP Publication 92. Ann. ICRP 33 (4).

ICRP, 2007. The 2007 Recommendations of the International Commission on Radiological Protection. ICRP Publication 103. Ann. ICRP 37 (2-4).

ICRP, 2008. Environmental Protection-the Concept and Use of Reference Animals and Plants. ICRP Publication 108. Ann. ICRP 38 (4-6).

ICRP, 2014. Protection of the Environment under Different Exposure Situations. ICRP Publication 124. Ann. ICRP 43 (1).

ICRP, 2017. Dose Coefficients for Non-human Biota Environmentally Exposed to Radiation. ICRP Publication 136. Ann. ICRP 46 (2).

ICRU, 1970. Linear Energy Transfer. ICRU Report 16. International Commission on Radiation Units and Measurements, Bethesda, MA.

Knowles J F, 2001. An Investigation into the Effects of Chronic Radiation on Fish. R&D Technical Report P3-053/TR. Centre for Environment, Fisheries & Aquaculture Science, Lowestoft: 1-42.

Kocher D C, Apostoaei A I, Hoffman F O, 2005. Radiation effectiveness factors for use in calculating probability of causation of radiogenic cancers. Health Phys., 89: 3-32.

Little M P, Lambert B E, 2008. Systematic review of experimental studies of relative biological effectiveness of tritium. Radiat. Environ. Biophys., 47: 71-73.

Nikjoo H, Goodhead D T, 1991. Track structure analysis illustrating the prominent role of low energy electrons in radiobiological effects of low-LET radiations. Phys. Med. Biol., 36: 229-238.

Straume T, Carsten A L, 1993. Tritium radiobiology and relative biological effectiveness. Health Phys., 65: 657-672.

UNSCEAR, 2008. Sources and Effects of Ionizing Radiation. UNSCEAR 2008 Report to the General Assembly, with Scientific Annexes. Annex E. Effects of Ionising Radiation on Non-Human Biota. United Nations Scientific Committee on the Effects of Atomic Radiation, New York.

UNSCEAR, 2016. Sources, Effects and Risks of Ionizing Radiation. UNSCEAR 2016 Report to the General Assembly with Scientific Annexes. Annex C. Biological Effects of Selected Internal Emitters-Tritium. United Nations Scientific Committee on the Effects of Atomic Radiation, New York.

附录 A　环境保护背景下的相对生物效能

（A1）对不同辐射类型在从培养细胞到整个生物体的多个生物系统中诱导多种效应的量效关系研究表明，吸收剂量的知识不足以表征给定剂量的生物反应。一般认为，通常由 LET 表示的辐射质品对确定给定吸收剂量的生物反应很重要。特别是，高 LET 辐射（如 α 粒子和中子）在诱导生物效能方面比低 LET 辐射（如正电压 X 射线和较高能量的光子）每单位吸收剂量更有效。考虑到这一点，为解释 RBE，以 Gy 为单位的吸收剂量通常乘以一个修正因数。术语“RBE”适用于实验研究的观察结果，并且特定于所研究的终点和系统，环境和照射条件（如参考辐射、剂量率和剂量）以及其他因素。本节介绍了 RBE 的定义，并简要讨论了影响 RBE 的因素；将高剂量研究中获得的 RBE 值外推至与放射防护有关的低剂量，特别是外推组织反应的 RBE 值；并将细胞的 RBE 值外推到更高水平的包括整个生物体的生物组织。

A.1　相对生物效能

（A2）对于关注的特定辐射（A），RBE 是一个无单位量，定义为产生特定水平的生物反应所需的参考辐射剂量与产生相等生物反应所需的辐射剂量 A 的比值，辐射品质外的所有物理和生物变量尽可能保持恒定（ICRP，2007）。如此定义的 RBE 是一个放射生物学量，它不依赖于具有相同函数形式的两种辐射的量效关系（如线性二次关系），或每个剂量反应是比例（线性）关系。

（A3）在大多数估计 RBE 的研究中，辐射 A 是高 LET 辐射，参考辐射是特定的低 LET 辐射。但情况不一定如此。例如，许多研究关注的辐射是低能量、低 LET 辐射（如正电压 X 射线、低能量 X 射线，如用于乳房 X 射线照相术的 X 射线，或在氚衰变中发射的 β 粒子），参考辐射是更高能量 γ 射线（光子），例如 ^{60}Co 衰变中发射的射线。任何不同的 LET 辐射，都可以选择任何关注的辐射和参考辐射作为研究关注的对象。

（A4）当使用两种辐射的假定量效关系，将研究中获得的 RBE 值外推到该研究中未包括的其他剂量、其他生物系统、同类型的其他生物学终点（无论是随机的或确定性的）或类似 LET 的其他辐射时，从严格意义上来说，由此产生的关于生物效能的推论并不是上文定义的 RBE。尽管如此，术语“RBE”仍被广泛用于描述基于特定放射生物学研究推断的 RBE。

A.1.1　影响相对生物效能的因素

（A5）有几个因素会影响从放射生物学研究中获得的 RBE 估值，其中包括选择的参考辐射、剂量或剂量率的大小和剂量分割的程度，以及研究中的生物学终点（即不管终点是随机效应或组织反应，还是任何一类特定效应）。某些其他因素也可能很重要。

A.1.1.1　*参考辐射的选择*

（A6）放射生物学研究中用于估计 RBE 的参考辐射通常是正电压（如 150～300 kVp）X 射线或高能光子（γ 射线）。许多放射生物学研究表明，这两类常见的参考辐射在生物效能方面存在显著差异。

（A7）正电压 X 射线和高能光子的生物效能差异在一些随机效应研究中尤为明显。例如，NCRP（1990）和 ICRP（2003）对随机效应数据的审查表明，在人体放射防护受关注的低剂量下，正电压 X 射线的生物效能约是高能光子（如 ^{60}Co γ 射线）生物效能的 1.5～2 倍。BEIRVII 报告（国家研究委员会，2006）也承认了这种生物效能的差异。在比较使用不同低 LET 参考辐射的研究中获得的随机效应的 RBE 值时，识别这种幅度的差异很重要。在比较低能量、低 LET 辐射（如氚 β 粒子）的 RBE 值时尤其如此。

（A8）正电压 X 射线和高能光子的生物效能差异在组织反应研究中似乎不太重要。例如，NCRP（1967）审查的组织反应的早期研究表明，在发生这种效能的高剂量率下，正电压 X 射线的生物效能仅比 ^{60}Co 衰变中发射的光子的生物效能高约 20%。与使用任一参考辐射估计的 RBE 值的不确定性相比，如此小的差异相对不重要。

（A9）第 92 号出版物（ICRP，2003）建议在放射生物学研究中使用的首选低 LET 参考辐射是在 ^{60}Co 衰变中发射的高能光子。这种选择有许多优点，包括（1）光子能量是离散的且明确的，与使用取决于管电压（kVp）和过滤（过滤材料和厚度）的正交电压 X 射线的研究中光子的连续和可变光谱形成对比；（2）光子能量更接近于日本原子弹幸存者照射光子的平均能量，其研究提供了电离辐射照射导致癌症风险的主要数据来源。

A.1.1.2　剂量、剂量率和剂量分割

（A10）吸收剂量和剂量率的大小以及剂量分割的程度会影响放射生物学研究中获得的 RBE 估值。当受关注的辐射、参考辐射或两者的量效关系为非线性时，RBE 取决于分割照射中的剂量（D）、剂量率和每次分割的剂量。图 A.1（改编自 CNSC，2002）说明了这种影响，该图表明反应作为剂量的函数，二者均在线性比例上，用于通过高 LET 辐射和参考低 LET 辐射随机效应诱导。正如在许多研究中所观察到的，假设高 LET 辐射的量效是线性的（$R=\alpha D$），而假设参考辐射的量效是线性二次型的（$R=\alpha D+\beta D^2$）。由于量效关系的这种差异，在本例中，高 LET 辐射在较高剂量下的 RBE≈2，而在较低剂量下约增加到 5。

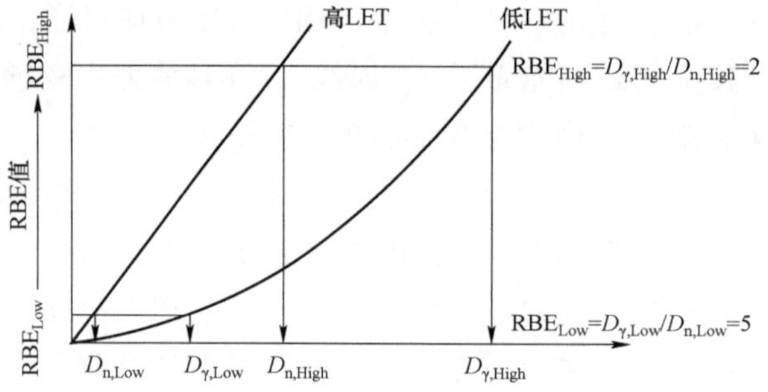

图 A.1　作为高 LET 和低 LET 辐射剂量函数的 RBE 值

（A11）RBE 对剂量的类似依赖在许多组织反应研究中可见。图 A.2 显示了在细胞存活研究中，各种高 LET 辐射的 RBE 对参考正电压 X 射线剂量的依赖关系示例（ICRP，1990）。图 A.2 中的曲线是基于 $S=\exp(\alpha D)$ 的高 LET 辐射的生存函数和 $S=\exp(\alpha D+\beta D^2)$ 的参考低 LET 辐射的生存函数的假设。这些生存函数将在下文进一步讨论。在这些示例中，RBE 对能量的依赖性在 5.1 MeV α 粒子的辐照下最为明显，随着参考辐射剂量从 10 Gy 减少到 0.1 Gy，RBE 增加超 2 个因数。在两种更高能量、高 LET 辐射的辐照下，RBE 对剂量的依赖性会变得相对更不明显。

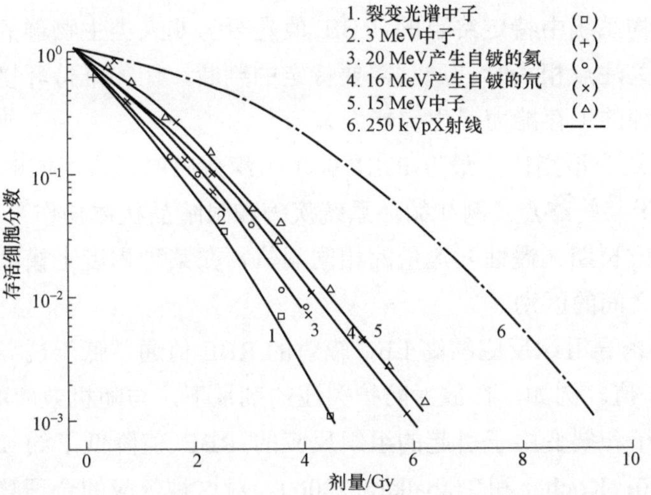

图 A.2 用不同的快中子束和 250 kVp X 射线照射的人源培养细胞的剂量-存活曲线［图 3B 来自 ICRP（1990）和 Barendsen（1968）］

A.1.1.3 生物学终点的类型

（A12）RBE 的估值通常取决于所研究的生物学终点的性质；也就是说，如果影响是随机的，在这种情况下，反应的概率是无阈值的剂量函数；如果是组织反应，在这种情况下，影响的严重程度（并非其概率）是剂量的函数，并且通常存在阈值。

（A13）组织反应包括组织完整性和功能的受损，但也包括细胞反应。细胞增殖死亡被认为是组织反应的重要来源（ICRP，1984，2012）。组织反应存在剂量阈值，因为发生足够多的损伤后组织无法进行完全的潜在修复。因此，影响的严重程度随着剂量的增加而增大。

（A14）随机辐射效应的特点是没有阈值。从概念上讲，这意味着单个事件（即对一个细胞的辐射损伤）足以引起随机效应。基于小鼠数据遗传效应假设，人类主要的随机效应是癌症（ICRP，2007）。影响的频率与剂量有关，但与严重程度无关。但染色体和细胞水平的辐射效应通常不会转化为种群水平的损害，因此对于非人类生物群的种群水平效应，物种个体成员的随机效应可被分配到的关注度是有限的。非人类生物群的放射防护主要集中在个体层面的终点，这些终点可能会影响生物多样性的维持或物种的保护，例如由于对生育力、繁殖力、生长和早期死亡率的影响而导致的繁殖成功率降低。

（A15）尽管大多数生物效能可以归类为随机反应或组织反应，但根据所研究的特定效应和生物系统，每种效应的 RBE 可能存在很大差异。因此，在评估特定生物系统中特定终点的 RBE 值是否与非人类生物群的放射防护系统中的主要关注点相关时，通常需要特定的判断，例如维持环境放射防护中最敏感的物种的生存能力（生殖能力）。

（A16）还应该指出，最近 ICRP 关于组织效应的报告（ICRP，2012）表明，至少对于某些终点（例如循环系统疾病和眼睛晶状体损伤），已经提出了急性和分割或长期（慢性）剂量的相同阈值，在某种程度上模糊了随机效应和组织反应之间的区别。

（A17）诱导组织反应的高 LET 辐射的 RBE 值通常低于诱导随机效应的辐射的 RBE 值。例如，在放射防护关注的剂量下，与随机效应的 RBE 值相比，由α粒子和裂变中子引起的组织反应的 RBE 值降低了约 2～3 个因数（ICRP，1990；Kocher 和 Trabalka，2000）。对这种效应的合理解释是，即使在观察到显著组织反应的最低剂量下，也仅在器官和组织中大部分细胞严重损伤或死亡的情况下才会发生，名义上低 LET 参考辐射的电离密度相对高，更接近关注的高 LET 辐射的器官平均电离密度，而不是更低剂量下仅诱导随机效应的情况。

A.1.1.4　*其他潜在的重要影响*

（A18）在一些研究中，其他因素可能会影响 RBE 的估值（ICRP，1990）。潜在的重要因素可能包括照射和效应观察之间的时间间隔；所研究生物系统的条件，例如增殖状态和细胞周期分布，以及是否存在敏化或保护化合物，例如活性氧化物。这些因素还可能混淆对 RBE 与人类或环境放射防护相关性的评估。

A.1.2　将相对生物效能外推至低剂量和剂量率

（A19）在人类的放射防护中，限制癌症风险是主要关注点，并且假定风险在任何剂量下都不为零。通常认为质量因数和辐射权重因数应建立在低剂量和低剂量率的随机效应的 RBE 估值的基础上。低剂量和低剂量率通过外推到所关注的辐射类型和参考辐射的假定量效关系的零剂量获得。

例如，当假设由高 LET 辐射引起的随机效应的量效关系是线性的（$R_H=\alpha_H D$），并且假设参考低 LET 辐射的量效关系是线性二次型的（$R_L=\alpha_L D+\beta_L D^2$），低剂量和剂量率下的 RBE（用 RBE_M 表示）是高 LET 辐射的量效关系斜率与参考辐射的量效关系斜率的比值 $D\rightarrow 0$：$RBE_M=\alpha_H/\alpha_L$。鉴于 A.1.1 节中讨论的 RBE 对剂量的依赖性，RBE_M 是研究中随机效应的最大值。

（A20）58 号出版物中使用一种类似的外推方法，外推由关注的高 LET

辐射和参考低 LET 辐射引起的组织反应观察到的量效关系，以获得人体放射防护的低剂量（即 $D \to 0$）下的 RBE 估值（ICRP，1990）；低剂量下组织反应的 RBE 相当于随机效应的 RBE_M，用 RBE_m 表示，表明这是一个最大值。尽管假定组织反应的量效关系有一个阈值，但估计 RBE_m 被认为是“在小剂量的高LET辐射与低LET辐射一起传输的情况下，有必要评价照射条件的风险”（ICRP，1990）。也就是说，出于放射防护目的，认为有必要使用 RBE_m，以解决因混合辐射场照射引起的组织反应，例如，来自低 LET 辐射的剂量高于阈值剂量，但高 LET 辐射的剂量可能低于阈值几个数量级。

（A21）尽管用于放射防护目的的随机效应的 RBE_M 的定义和使用相对简单，但将 RBE_m 用于基于量效关系有阈值的假设发生的组织反应存在概念上的困难。但组织反应的外推 RBE 值基本上与低于阈值的剂量无关。

（A22）基于以上考虑，包括 RBE_m 的估值预计为最大值，本出版物继续通过外推由关注的辐射（如 α 粒子或氚 β 粒子）和参考低 LET 辐射引起的组织反应的量效关系数据估算 RBE_m。这种方法被认为适用于推导与非人类生物群和环境放射防护相关的加权因数。

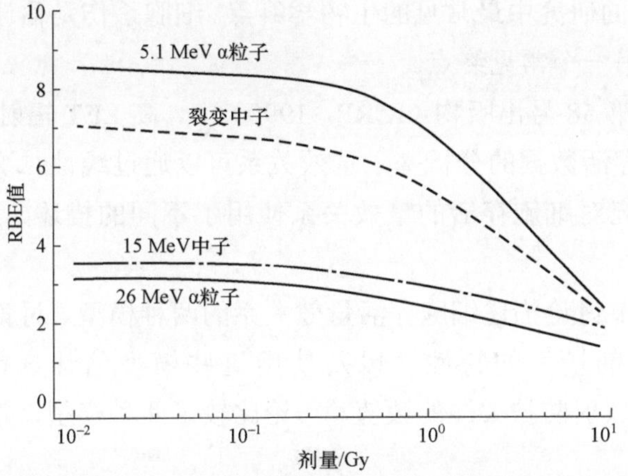

图 A.3　RBE 与剂量曲线的关系，说明 RBE 值在 X 射线剂量＜10^{-1}Gy 时接 RBE 值近 RBE_m（组织反应的最大 RBE）值［图 5 来自 ICRP（1990）］

A.1.3　通过生物组织水平推断组织反应的相对生物效能数据

（A23）如前所述，对组织反应 RBE 的最常见研究涉及对培养中的哺乳动物细胞的辐照，并且大多数研究监测了细胞增殖死亡，尤其是在关注 α 粒子辐射的研究中。不太常见的是对与环境放射防护直接相关的整个器官、组织或整个生物体中的组织反应的 RBE 研究。

（A24）第 58 号出版物（ICRP，1990）通过比较整个组织中的反应数据与相同组织中关键细胞的存活数据，说明为获得整个器官、组织或整个生物体中组织反应的 RBE 估值，外推从培养细胞增殖死亡研究中获得的 RBE 估值的问题（ICRP，1990）。例如，在正电压 X 射线或 15 MeV 中子辐照对肠道的早期损伤的研究中，4 d 内平均致死剂量（LD_{50}/4 d）的 RBE 与肠隐窝干细胞存活的 RBE 相似。整个组织、器官被用来支持细胞增殖死亡是组织损伤的主要原因的假说（ICRP，1990）。

（A25）根据第 58 号出版物（ICRP，1990）中讨论的论点和支撑性研究，本出版物假设，从细胞增殖死亡（细胞存活）研究中获得的 RBE 估值可用于推断在整个组织、器官或整个生物体中诱导组织反应的 RBE。

A.2　细胞存活的量效关系建模

（A26）如前所述，辐照哺乳动物细胞的增殖死亡是估计 α 粒子诱导组织反应的 RBE 值的研究中最常见的生物学终点。细胞杀伤是估计氚 β 粒子 RBE 值的研究中的另一个常见终点。

（A27）在第 58 号出版物（ICRP，1990）中，高 LET 辐射和低 LET 辐射照射下的细胞存活数据的分析基于量效关系可以通过线性二次模型描述的假设。但一些研究对细胞存活的量效关系使用了不同的描述，被称为“单次-多靶模型”。

（A28）本节讨论描述细胞存活量效关系的两种模型。讨论强调两种模型在高剂量和低剂量下的特性，以及使用这些模型估计低剂量下的 RBE（RBE_m），这是放射防护关注的数值。结论比较了两种模型，并考虑了它们的兼容程度。

A.2.1　线性平方模型及其特征参数

（A29）对细胞存活的量效关系最常用的数学描述手段是线性平方模型。该模型基于一个假设，即细胞增殖死亡可能是由单路径造成的损伤或由两个或多个电离粒子路径导致的损伤累积造成的（ICRP，1990）。线性平方模型是双重辐射作用理论的结果，具有一定的生物学基础。该理论用于推导随机效应诱导的线性平方模型，其中剂量 D 处的效应频率 F 由式（A-1）描述：

$$F(D) = a_1 D + a_2 D^2 \qquad (A\text{-}1)$$

式（A-1）表示的模型被广泛用于描述从单细胞到整个生物体的生物系统中不同复杂性的随机效应的量效关系。

（A30）在描述细胞存活的量效关系的线性平方模型中，假设所有未受照射的细胞存活［S（0）=1］，接受剂量 D 的细胞的存活率 S 由式（A-2）描述：

$$S(D) = \exp[-(\alpha D + \beta D^2)] \qquad (A\text{-}2)$$

该模型的参数为 α（Gy^{-1}）和 β（Gy^{-2}）；α 是衡量单路径对细胞杀伤频率的贡献的量度，β 是衡量两个或多个路径累积损伤的贡献的量度。

（A31）细胞存活曲线通常显示为 S 作为剂量 D 的函数的自然对数图：

$$\ln S(D) = -(\alpha D + \beta D^2) \qquad (A\text{-}3)$$

α 的值决定低剂量生存曲线的初始斜率，其中二次项 βD^2 可以忽略不计，并且生存曲线基本上是线性的。α/β（Gy）等于线性和二次项对细胞杀伤的贡献相等时的剂量。

（A32）式（A-3）描述了低 LET 辐射照射下的多个细胞存活曲线。在高 LET 辐射照射下，通常观察到 $\beta \approx 0$ 和 $\ln S$ 在任何剂量下基本上是剂量的线性函数，类似于随机效应的量效关系中的常见线性关系。图 A.4 显示了各种辐射的生存曲线示例（ICRP，1990）。250 kVp X 射线的生存曲线（曲线 8）显示了二次项（$\beta \neq 0$）对低 LET 辐射的影响，而在放射性衰变中发射的 α 粒子能量的典型能量 α 粒子（曲线 2、3 和 4）基本上是线性的。

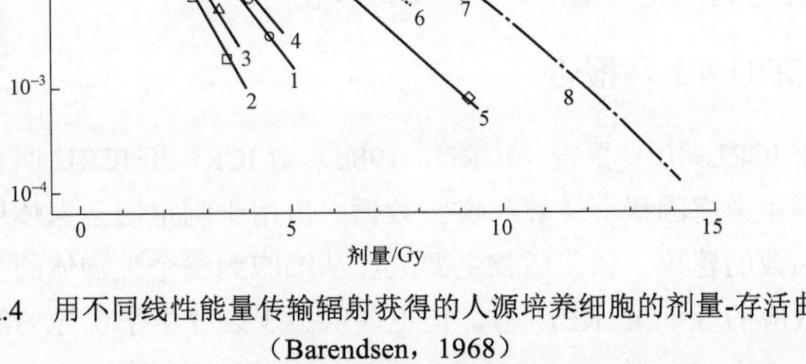

图 A.4　用不同线性能量传输辐射获得的人源培养细胞的剂量-存活曲线（Barendsen，1968）

（A33）式（A-3）中细胞存活曲线的描述有两个重要特性。如前所述，在二次项可忽略不计的低剂量下，生存曲线基本上是线性的，其斜率由式（A-4）给出：

$$d[\ln S(D)] / dD \approx -\alpha \tag{A-4}$$

（A34）在二次项不可忽略的较高剂量下，存活曲线是非线性的，其斜率是剂量函数的，由下式给出：

$$d[\ln S(D)] / dD = -(\alpha + 2\beta D) \tag{A-5}$$

（A35）当使用线性平方模型描述细胞存活时，低剂量（即 $D \to 0$）下关注的高 LET 辐射的 RBE 估计为该辐射生存曲线中的 α 值 α_H 与参考低 LET 辐射生存曲线中的值 α_L 的比：

$$\mathrm{RBE_m} = \alpha_H / \alpha_L \tag{A-6}$$

线性平方模型有助于估计放射防护关注的 RBE 值。

A.3 关于相对生物效能的先前报告

（A36）评估对 α 粒子和氚 β 粒子在诱导可能与 RAPs 的生存能力相关的组织反应方面的生物效能时审查了 ICRP 和其他组织或调查人员以前的报告。大多数报告都是为了支持制定人类放射防护生物效应的建议。尽管如此，鉴于大多数可用数据来自对非人源生物系统中辐射效应的研究，以前的部分工作与环境保护直接相关。

（A37）ICRP 和其他咨询小组制定的放射防护建议的若干出版物为本出版物提供了使用信息。这些出版物包括 ICRU 40 号报告（ICRU，1986）、第 58 号出版物（ICRP，1990）、第 92 号出版物（ICRP，2003）、NCRP 89 号报告（NCRP，1987）和 NCRP 104 号报告（NCRP，1990）。ICRP 早期的一份报告，第 31 号出版物（ICRP，1980）较少使用。

A.3.1 ICRU 40 号报告

（A38）ICRU 40 号报告（ICRU，1986）由 ICRP 和 ICRU 联合任务组编写，涉及理论考虑因素、计算和实验数据，可用于制定用于人体放射防护的有效品质因数的建议。该出版物主要关注从细胞到整个生物体的生物系统中各种随机效应的低剂量 RBE 值，但也提供关于裂变中子诱导的组织反应的

RBE 值的信息。

（A39）本出版物的编制基于 ICRU 40 号报告（ICRU，1986）中的部分内容，包括对下述内容的论述：（1）由计算和可用数据表明，高能γ射线（能量＞250 keV 的光子）和低能光子（如正电压 X 射线）或氚β粒子之间生物效能差异的潜在重要性；（2）能量为 4～9 MeV 的α粒子的有效品质因数的弱能量依赖性，其中包括环境中最重要的放射性核素发射的α粒子的能量；（3）高 LET 辐射引起的随机效应的 RBE 值的可用数据，主要是裂变或其他中子的数据，但也包括更有限的α粒子和重离子数据。

A.3.2 58 号出版物

（A40）本出版物中关于高 LET 辐射（包括α粒子、中子和重离子）引起的组织反应的 RBE 值的大部分信息来自第 58 号出版物（ICRP，1990）。58 号出版物中没有讨论随机效应的 RBE 值。除了广泛审查针对高 LET 辐射的 RBE 值在培养哺乳动物细胞以及动物和人类的整个器官或组织中诱导组织反应的研究外，58 号出版物还讨论了确定性辐射效应和 RBE 数据用于放射防护目的基本内容，特别是将高剂量 RBE 的估值外推到在放射防护中有潜在重要性的较低剂量。

（A41）本出版物中的讨论大量使用了第 58 号出版物（ICRP，1990）中的信息。重要内容如，使用线性平方模型对细胞存活的量效关系的描述，RBE 对组织反应的剂量依赖性和 RBE 外推至放射防护关注的低剂量，以及对中子和重离子 RBE 数据的审查和评估（可用于评估α粒子的 RBE 数据）。

A.3.3 92 号出版物

（A42）第 92 号出版物（ICRP，2003）回顾了对用于低和高 LET 辐射诱导随机效应的 RBE 数据，以及基于可用数据和其他考虑因素提出的用于人类放射防护的不同辐射类型的品质因数和辐射加权因数的建议。第 92 号出版物不涉及组织反应的 RBE。

（A43）本出版物中使用的第 92 号出版物（ICRP，2003）中的信息主要是α粒子的 RBE。鉴于第 92 号出版物强调对人类的保护，关于α粒子 RBE 的讨论主要关注从人类肺癌、骨肉瘤、白血病和肝癌研究中获得的估值。与此同时，第 92 号出版物也讨论了 RBE 对动物的上述影响，以及从动物细胞肿瘤转化和人类淋巴细胞双着丝粒染色体畸变研究中获得的 RBE。

A.3.4 NCRP 89 号报告

（A44）NCRP 89 号报告（NCRP，1987）关注哺乳动物细胞或整个生物体中的放射性核素照射诱导的随机遗传效应。该出版物主要侧重来自组合α发射体的遗传效应数据，以及与来自组合高能β发射体的遗传效应的比较，目的是估计α粒子相对于β粒子的风险。此外，89 号报告也提供了关于组合氚照射下的遗传影响的数据。

A.3.5 NCRP 104 号报告

（A45）NCRP 104 号报告（NCRP，1990）对低和高 LET 辐射诱导随机效应的 RBE 数据进行了广泛审查，主要是 X 射线（低 LET）及中子和α粒子的（高 LET）。未考虑用于组织反应的 RBE。报告还讨论了各种数据，包括植物、动物和人类细胞中的细胞遗传学效应的数据，体外哺乳动物细胞的转化和突变；多个可遗传效应；外部高 LET 辐射（主要是中子，但也包括有限的重离子数据）对动物的致癌作用；来自结合在细胞和整个生物体中的放射性核素的多个终点的数据；以及小鼠寿命缩短的数据。

A.4 参考文献

Barendsen G W, 1968. Responses of Cultured Cells, Tumours and Normal Tissues to Radiations of Different Linear Energy Transfer. In: Ebert M, Howard A (Eds), Current Topics in Radiation Research, Volume IV. North-Holland Publishing Company, Amsterdam: 293-356.

CNSC, 2002. Protection of Non-human Biota from Ionizing Radiation. INFO-0730. Canadian Nuclear Safety Commission, Ottawa.

ICRP, 1980. Biological Effects of Inhaled Radionuclides. ICRP Publication 31. Ann. ICRP 4 (1/2).

ICRP, 1984. Nonstochastic Effects of Ionizing Radiation. ICRP Publication 41. Ann. ICRP 14 (3).

ICRP, 1990. RBE for Deterministic Effects. ICRP Publication 58. Ann. ICRP 20 (4).

ICRP, 2003. Relative Biological Effectiveness (RBE), Quality Factor (*Q*), and Radiation Weighting Factor (W_R). ICRP Publication 92. Ann. ICRP 33 (4).

ICRP, 2007. The 2007 Recommendations of the International Commission on Radiological Protection. ICRP Publication 103. Ann. ICRP 37 (2-4).

ICRP, 2012. ICRP Statement on Tissue Reactions/Early and Late Effects of Radiation in Normal Tissues and Organs-threshold Doses for Tissue Reactions in a Radiation Protection Context. ICRP Publication 118. Ann. ICRP 41 (1/2).

ICRU, 1986. The Quality Factor in Radiation Protection. ICRU Report 40. International Commission on Radiation Units and Measurements, Bethesda, MD.

Kocher D C, Trabalka J R, 2000. On the Application of a Radiation Weighting Factor for Alpha Particles in Protection of Non-human –Biota. Health Phys., 79: 407-411.

National Research Council, 2006. Health Risks from Exposure to Low Levels of Ionizing Radiation, BEIR VII Phase 2. National Academies Press, Washington.

NCRP, 1967. Dose-effect Modifying Factors in Radiation Protection. Report of Subcommittee M-4 (Relative Biological Effectiveness)of the National Commission on Radiation Protection. BNL5007 (T-471). National Council on Radiation Protection and Measurements, Bethesda, MD.

NCRP, 1987. Genetic Effects from Internally Deposited Radionuclides. NCRP Report No. 89. National Council on Radiation Protection and Measurements, Bethesda, MD.

NCRP, 1990. The Relative Biological Effectiveness of Radiations of Different Quality.

NCRP Report No. 104. National Council on Radiation Protection and Measurements, Bethesda, MD.

附录 B　氚 β 粒子的相对生物效能

（B1）氚是氢元素的唯一放射性同位素，其核含有一个质子和两个中子。它可通过 β 粒子发射衰变，半衰期为 12.3 a，形成稳定的氦（两个质子和一个中子）。氚的原子可以取代任何分子中的氢原子。氚衰变产生的 β 粒子在空气中的传播距离仅为 6.0 mm 左右，且不会穿透皮肤的角质层。氚 β 粒子可以被玻璃、塑料或金属完全吸收。因此，与氚相关的主要危害在于被生物体摄入、吸入或通过皮肤吸收，并在体内释放出 β 粒子。

（B2）在活体组织中，氚 β 粒子仅可传播约 6 μm（典型动物细胞的平均直径为 10～20 μm，细胞核直径为 6～15 μm，而植物细胞的直径可能为 100 μm）距离。由于其初始能量低、射程短，发射的 β 粒子的平均电离密度（LET）高于较高能量的 β 粒子或光子。氚 β 粒子（平均 5.7 keV）在水中的径迹平均 LET 为 4.70 keV/μm，而 ^{60}Co 射线（为 1 173 和 1 332 keV）、^{90}Sr 射线和 200 kVp X 射线 LET 值分别为 0.22、0.52 和 1.7 keV/μm（ICRU，1970）。经过计算出由氚低能量 β 粒子和/或二次电子（能量在 0.1 和 5 keV 之间）传递的对组织的剂量约为 78%。这与 ^{60}Co 射线的 33%形成对比（Nikjoo 和 Goodhead，1991）。

（B3）由于氚是氢的同位素，它以与氢相同的方式发生化学反应形成化合物，因此，它可以是各种分子的组成原子，例如水或几种有机化合物。氚可以以氧化物（HTO）、与有机化合物结合或以氚气的形式存在。气态氚（HT）在大气中或通过土壤表面附近的微生物很容易被氧化成 HTO。因此，环境中的 HT 通常并不意味着其暴露对于人类或其他生物是值得重视的。

（B4）氚在环境中以 HTO 等最常见。HTO 的化学性质与水相同。HTO 一旦进入生物体，会很快与水在体内达到平衡，并均匀分布在所有软组织中。对于植物，氚可能通过代谢过程（如光合作用）将有机物标记为 OBT（Boyer 等，2009 年）。HTO 从生物体中被清除的速率与水相同。

（B5）OBT 指氚已经结合到有机分子如碳水化合物、脂肪或蛋白质中的那些形式。OBT 有可交换和不可交换两种类型。当氚原子与氧、硫、氮或磷原子结合时，氚可以很容易地与水体中的氢交换，因此被认为是可交换的。OBT 化合物中的可交换氚与 HTO 的动力学没有差别。当氚原子与有机分子中的碳原子结合时，它是不可交换的并且只能通过酶反应释放。OBT 化合物中的不可交换氚表现出相关 OBT 分子及其在机体组织中转运的动力学特征。

（B6）当 HTO 进入动物体内时，由于氚容易且快速地与其他氢原子交换，因此在摄入后的短时间内，它将几乎均匀地分布在整个体液中。一小部分氚在合成过程中以不可交换的方式结合到有机分子中（变成不可交换的 OBT）。氚也可以通过食物中的 OBT 等被动物摄入。在成年人体中，HTO 的生物半排期（将一半活性从体内生理清除所需的时间）为 10 d，非交换性 OBT 为 40 d（ICRP，1993 年）。不同年龄人的生物动力学和剂量学模型已经被开发，并已用于计算以 HTO、OBT 或 HT（氚化气体）形式摄入氚的剂量系数（ICRP，1989、1993、1994、1995、1996）。

（B7）对植物氚暴露的研究表明，地表以上和地表以下部分与空气和土壤中的环境浓度之间会快速平衡，半衰期约为几小时至几天（Boyer 等，2009 年）。

（B8）当氚结合到 DNA 中时（如给予氚化胸苷后），细胞接受的 β 剂量将取决于其分裂周期的长短。快速分裂的细胞将有更多机会掺入氚化胸苷，但它们也会更快地将其消除。在增殖率较小的细胞中，掺入氚化胸苷的概率会低得多，但保留时间会更长。对从 OBT 受到的 β 剂量的估计比对从 HTO 受到的剂量的估计有更多的不确定性（NCRP，1979；Straume 和 Carsten，1993 年）。

B.1　氚 β 粒子相对生物效能（RBE）的实验研究综述

（B9）本出版物考虑了已公开的氚 β 粒子相对生物效能数据，提供了所有详细报道的实验步骤和获得的结果。

（B10）氚 β 粒子相对生物效能的实验数据在本出版物中被归为以下 4 类生物学终点：早期死亡率、繁殖成功率、发病率或染色体损伤及突变，只有前 3 个终点被认为与生存能力相关（ICRP，2008）。

B.1.1 早期死亡率的相对生物效能数据

（B11）Spalding 等（1956）估算了氚β粒子对植物（蚕豆根、蚕豆）产生致死效应的相对生物效能。大豆根暴露于累积剂量为 1.8～4.6 Gy（剂量率为 72 Gy/d）或用 175 kVp X 射线急性照射总剂量为 2.0～4.7 Gy（剂量率为 72 Gy/d）。对两组大豆的死亡率进行了量化，计算出 RBE=1.0±0.06。

（B12）Furchner（1957）研究了氚β粒子对小鼠生存的影响。成年 CF1 小鼠接受单次腹腔注射氚水，并在注射后 30 d 记录其死亡率（累积剂量超过 30 d，范围为 5.3～16.5 Gy）。还分析了一组长期暴露于 ^{60}Co γ射线（参考辐射），总剂量为 12.3～16.5 Gy 的小鼠 30 d 的死亡率。降低剂量率（0.41～0.55 Gy/d）进行γ辐照，以模拟氚的指数衰减。根据剂量-效应曲线的回归曲线斜率计算得到 RBE=1.7±0.1。

（B13）Yamada 等（1982）研究了氚β粒子和γ射线体外照射对小鼠胚胎存活的影响。体外培养原核期和双细胞期小鼠胚胎［BC3F1(C3H/C57BL)］，在培养液中加入 0.2～4.1 Gy/d（3 d 后，累积剂量 0.6～16.3 Gy）。以 ^{60}Co γ射线作为参考辐射（剂量率为 0.48 Gy/d，慢性照射 3 d，总剂量达 19.2 Gy）。根据 LD_{50} 值计算相对生物效能值，原核胚胎、早期两细胞胚胎和晚期两细胞胚胎的 RBE 值分别为 1.0、1.7 和 1.3。

（B14）综上所述，所有以降低个体存活率估算氚粒子相对生物效能的研究都使用氚水作为辐射源。所使用的物种包括植物（蚕豆）和小鼠（BC3F1 胚胎和 CF1 成年小鼠）。

每一项研究都涉及以高剂量率给予高累积剂量的慢性照射。死亡率增大的相对生物效能值在 1.0～1.7 之间（表 B.1）。

B.1.2 繁殖成功率降低的相对生物效能数据

（B15）Etoh 和 Hyodo-Taguchi 发表了 3 篇以γ射线为参考辐射的氚β粒子改变青鳉鱼繁殖能力的相对生物效能研究报告（Etoh 和 Hyodo-Taguchi，1983；Hyodo-Taguchi 和 Etoh，1986，1993）。在第一项研究中（1983），受精卵在受精后 2 h 内暴露于氚水，剂量率为 0.17～1.70 Gy/d（受精卵在 10 d 内吸收的累积剂量为 1.8～17.0 Gy）。另一组受精卵用 ^{137}Cs γ射线以 0.11～2.12 Gy/d（受精卵接受的总剂量为 4.3～21.2 Gy）。将生殖细胞（雌性和雄性）存活率降低到 50%所需的剂量为氚粒子 1.95 Gy 和 ^{137}Cs γ射线 3.5 Gy，RBE

为 1.8。将雌性生殖细胞存活率降低到 50%所需的剂量为氚粒子 1.4 Gy 和 ^{137}Cs 射线 3.05 Gy，RBE 为 2.2。

（B16）Hyodo-Taguchi 和 Etoh（1986）研究了氚β粒子和 ^{137}Cs γ射线对青鳉鱼生育和繁殖的影响。用氚水累积剂量为 0.85～34.0 Gy（积剂量率范围为 0.085～1.70 Gy/d）或用 ^{137}Cs γ射线长期照射总剂量为 0.61～25.4 Gy（剂量率为 0.06～2.54 Gy/d）处理受精卵 10 d。作者没有估算相对生物效能。然而，将雌性生殖能力降低至 50%所需的剂量为氚粒子 4.0 Gy 和γ射线 15.0 Gy，估算 RBE 为 3.75。氚粒子和γ射线对雄性生殖能力的降低没有差异性。

表 B.1 氚β粒子致早期死亡的 RBE 值

研究系统	终点	辐射暴露参考（急性/慢性，剂量率，总剂量）1)	氚暴露（急性/慢性，剂量率，总剂量）2)	RBE（±SE）	备注	参考文献
植物（蚕豆根尖）	豆死亡率	175 kVp X 射线，急性，72 Gy/d（恒定剂量率），总剂量 2.0～4.7 Gy	HTO，急性，72 Gy/d（恒定剂量率），总剂量 1.8～4.6 Gy	1.00±0.06	—	Spalding 等（1956）
鼠（胚胎，BC3F1）	胚胎存活率（形成囊胚 LD_{50}）	^{60}Co γ，慢性，4.8 Gy/d（恒定剂量率），总剂量达 19.2 Gy	HTO，慢性，0.2～4.1 Gy/d（恒定剂量率），总剂量 0.6～16.4 Gy	1.00～1.70	前核胚胎、早期二细胞胚胎和晚期二细胞胚胎的 RBE 分别为 1.0、1.7 和 1.3 RBE 由 LD_{50} 值计算	Yamada 等（1982）
鼠（成年，CF1）	30 d 的死亡率	^{60}Co γ，慢性，0.41～0.55 Gy/d（剂量率呈指数递减），总剂量 12.3～16.5 Gy	HTO，慢性，0.18～0.55 Gy/d（剂量率呈指数递减），总剂量 5.3～16.5 Gy	1.72±0.13	RBE 由回归线的斜率计算	Furchner（1957）

注：SE 为标准误差；1）除非特别注明，外照射；2）除非特别说明，内照射。

（B17）Hyodo-Taguchi 和 Etoh（1993）还分析了氚粒子和γ射线诱导青鳉鱼脊椎畸形的能力。受精卵暴露于氚水约 9 d（剂量率为 0.43～1.70 Gy/d 和累积剂量为 3.7～16.7 Gy）或 ^{137}Cs γ射线（剂量率为 0.44～1.89 Gy/d 和总剂量 4.2～18.8 Gy）。根据剂量-效应曲线的回归分析估算，氚粒子诱发椎体畸形的 RBE 为 1。

（B18）Knowles 和 Greenwood（1997）研究了氚 β 粒子改变水生无脊椎动物繁殖力的相对生物效能。多毛虫成虫（Ophryotrocha diadema）从产卵前一直被连续照射到发育成成虫。对处理后的成虫繁殖量进行了分析。氚水的剂量率为 0.175 Gy/d，一组蠕虫被 ^{137}Cs γ射线以相同剂量率长期照射，两个研究组中虫的繁殖力（囊/虫、卵/虫、幼虫/虫、从卵到幼虫的率、产第一个卵的天数）。研究人员指出，该研究检查了氚粒子和γ辐射的单剂量率，没有试图估算 RBE。然而，他们得出的结论是两种辐射类型对水生无脊椎动物多毛虫成虫（Ophrytrocha diadema）的繁殖力产生了非常相似的影响。

（B19）Chopra 和 Heddle（1988）以 250 kVp X 射线作为参考辐射，研究了小鼠重量的减少。向成年小鼠（CBA/H 系）腹腔注射氚水（剂量率范围为 0.14～0.43 Gy/d，累积剂量为 1.43～4.34 Gy），10 d 后测定睾丸重量。X 射线照射持续 10 d（剂量率 0.13～0.33 Gy/d，总剂量为 1.33～3.36 Gy），照射结束后测量睾丸重量。小鼠睾丸重量减少的 RBE 估算范围为 1.07～1.40。

（B20）Carr 和 Nolan（1979）研究了氚水和氚标记脱氧嘧啶核苷酸（^{3}H-TdR）对成年 CBA 小鼠睾丸重量的影响，并将这些影响与 ^{60}Co γ射线产生的影响进行了比较。采用γ射线分割照射 15 次模拟氚暴露（总剂量为 0.578 Gy）。氚（HTO 或 ^{3}H-TdR）采用单次腹腔注射方式，睾丸平均累积剂量氚水为 0.145～0.58 Gy，^{3}H-TdR 为 0.03～0.50 Gy。在照射开始后 24 周内测定每个实验组的睾丸重量。氚 β 粒子的相对生物效能是根据相应的 51 种参照动物和植物剂量效应曲线的斜率（综合分数质量损失作为睾丸受照后达 10 周的平均吸收剂量的函数）计算得到，其值 HTO 为 1.43±0.19，^{3}H-TdR 为 2.07±0.25。需要注意的是，本研究仅使用了 ^{60}Co 的一个剂量，因此报道的相对生物效能仅适用于该剂量。

（B21）在成年 DBA2 小鼠中研究了氚 β 粒子与 X 射线相比杀死初级精母细胞的相对效能（Lambert，1969）。本研究采用氚水和 ^{3}H-TdR 两种方法。一组小鼠腹腔注射氚水，其浓度范围为 0.04～0.06 Gy/d（累积剂量为 0.05～0.12 Gy），或腹腔注射 ^{3}H-TdR 的浓度范围为 0.06～0.11 Gy/d（累积剂量为 0.084～0.19 Gy）。同时，一组小鼠接受慢性 X 射线照射 72 h，剂量率在 0.02～0.16 Gy/d（总剂量 0.05～0.50 Gy）。氚注射（氚水或 ^{3}H-TdR）或 X 射线照射后 19 h 和 72 h 对休眠的初级精母细胞进行定量。对于氚水，氚 β 粒子在暴露后 19 h 和 72 h 的 RBE 值分别为 2.3 和 2.4，而 ^{3}H-TdR 在暴露后 19 h 和 72 h 的 RBE 值分别为 1.3 和 1.6。在论文的讨论中，Lambert 强调，由于在计算剂量时做出了一部分理想的假设，故研究中计算的 RBE 值必须谨慎看待。此外，Lambert 没有提供太多关于实验设计的细节（如每组使用的动物数量和使用的统计方法等）。

（B22）Zhou 等（1989）研究了氚β粒子和γ射线对幼年小鼠初级卵母细胞和精原细胞存活的影响。研究采用两种不同方案的氚水处理：（1）单次腹腔注射（指数降低剂量率）；（2）单次腹腔注射，然后在饮用水中给氚（恒定剂量率）。10 d 内从氚水β粒子获得的累积剂量范围为 0.2～1.0 Gy。

另一组小鼠接受 ^{60}Coγ射线长期照射 10 d（总剂量为 0.7～2.8 Gy），剂量率呈指数下降或恒定。当剂量率呈指数下降时，氚β粒子的 RBE 值，根据剂量-效应曲线的斜率计算，初级卵母细胞存活率为 1.4～2.0，精原细胞存活率为 2.1～2.8。当剂量率恒定不变照射时，原代卵母细胞存活的 RBE 值为 1.65，精原细胞存活的 RBE 值为 2.3～2.5。

（B23）Swiss-Webster 小鼠被用于研究氚β粒子的 RBE，与 ^{60}Co γ射线相比，可降低初级卵母细胞存活率（Dobson 和 Kwan，1976）。小鼠暴露于氚水 33 d，从受孕到出生后 14 d，剂量率在 2.20～19.80 mGy/d（累积剂量 0.07～0.65 Gy）。另一组小鼠接受 ^{60}Coγ射线长期照射（33 d，从受孕到出生后 14 d），剂量范围为 10.08～31.92 mGy/d（总剂量 0.33～1.05 Gy）。出生后 14 d，对各实验组雌性子代进行初级卵母细胞计数。氚粒子的 RBE 随着剂量的减少而增大，在参考γ辐射为 0.4 Gy 时 RBE 为 1.8，0.2 Gy 时 RBE 为 2.5。

（B24）1977 年，Dobson 和 Kwan 发表了一项更完整的后续研究，他们使用了相同的实验系统（非近亲繁殖的 Swiss-Webster 小鼠）和方法（从受孕到出生后 14 d 暴露于氚水或 ^{60}Co 33 d），但剂量范围不同。氚水给药浓度范围为 24.96～51.52 mGy/d（累积剂量 0.57～0.83 Gy）。^{60}Coγ辐射的剂量率为 8.0～38.0 mGy/d（总剂量 0.26～1.25 Gy）。低剂量氚粒子对卵母细胞存活的 RBE 估算为 2.5。在先前的研究中（Dobson 和 Kwan，1976），RBE 在较高剂量和剂量率时下降。

（B25）Satow 等（1989a）研究了氚β粒子的相对生物效能对小鼠卵母细胞存活的影响。幼年小鼠（ICR 系，14 d 龄）接受单次腹腔注射氚水（累积剂量为 0.04～0.25 Gy，连续 14 d）或以降低剂量率的 ^{137}Cs γ射线慢性照射来模拟氚水暴露（剂量率范围为 0.03～0.09 Gy/d 和 14 d 累积剂量 0.06～

0.21 Gy）。根据单靶模型的生存曲线计算，氚粒子的相对生物效能在 1.1～3.5 之间。Satow 等还观察到，正如 Dobson 和 Kwan（1976，1977）所描述的那样，RBE 随着剂量的减少而增大。使用较低剂量（0.04 Gy）时，RBE 最高为 3.5（Satow 等，1989a）。

（B26）同一组研究了氚 β 粒子和 ^{137}Cs γ射线对大鼠的致畸作用（Satow 等，1989b）。在这些实验中，成熟大鼠（Donryu 系）在妊娠第 8 d 或第 9 d 腹腔注射 HTO（剂量率为 0.14～1.06 Gy/d 和累积剂量为 1.75～6.80 Gy）。另一组大鼠在妊娠第 9～18 d 接受 ^{137}Cs γ射线长期照射（使用的剂量率与氚水相似，总剂量为 1.75～6.80 Gy）。估算两组大鼠中胎儿存活的百分比和畸形胎儿的发生频率。氚粒子注入组中产生 50%和 20%异常的 RBE 分别为 1.8 和 2.4。当存活胎儿中产生异常比例的估算值为 50%和 20%时，则 RBE 的估算值分别为 2.0 和 2.6（Satow 等，1989b）。

（B27）Zhou 等（1986）研究了氚 β 粒子和γ射线对小鼠卵母细胞显性致死突变频率的影响。向成年雌性小鼠（LACA 系）腹腔注射氚水（卵巢总吸收剂量为 39～912 mGy），另一组小鼠接受 ^{60}Co γ射线长期照射 10 d，剂量率逐渐降低（总剂量为 0.53～2.70 Gy）。照射后 21 d，雌性与未照射的雄性进行交配。繁殖后 18 d，将雌性处死，检查其卵巢的黄体数量、存活胚胎数量以及胚胎早期和晚期死亡数量，从而估算诱导显性致死突变的频率。根据线性曲线的斜率计算，氚粒子的 RBE 估算为 2.5。

（B28）Zhou 等（1989）还发表了一项更完整的研究，其中他们分析了遗传效应（卵母细胞和精母细胞的显性致死突变），发现幼年小鼠氚粒子和γ射线的精原细胞显性骨骼突变。氚水单次腹腔注射（剂量率指数递减）后，10 d 内 β 粒子累积剂量范围为 0.2～1.0 Gy；另一组小鼠接受 ^{60}Co γ射线连续 10 d 的慢性照射，剂量呈指数下降或恒定不变（总剂量为 0.7～2.8 Gy）。根据剂量-效应曲线的斜率计算，氚 β 粒子的 RBE 在卵母细胞显性致死突变为 2.8～3.4，精原细胞显性致死突变为 3.5～3.9，精母细胞显性致死突变为 1.6～3.9（Zhou 等，1989）。

（B29）综上所述，估算氚 β 粒子繁殖成功率降低的 RBE 的研究大多使用了小型哺乳动物（啮齿动物）（Lambert，1969；Dobson 和 Kwan，1976，1977；Carr 和 Nolan，1979；Zhou 等，1986，1989；Chopra 和 Heddle，1988；Satow 等，1989a，b）。研究人员对青鳉鱼进行了 3 项研究（Etoh 和 Hyodo-Taguchi，1983；Hyoto-Taguchi 和 Etoh，1986，1993）和一个水生无脊椎动物多毛虫

（Ophryotrocha diadema）（Knowles 和 Greenwood，1997），其中大多数研究使用氚水，有两项研究使用 ^{3}H-TdR。

（B30）研究分析了与生殖成功相关的几个终点：生殖能力和表现、睾丸重量减轻、生殖细胞（雌性和雄性）存活以及显性致死突变。已经观察到原代卵母细胞对氚水的β射线有较高的辐射敏感性，但对生殖的整体影响可能是由于生殖期的缩短所致。研究的生物终点与估算的氚β粒子的相对生物效能估算之间没有明显的相关性。

（B31）绝大多数关于氚粒子减少生殖成功率的相对生物效能研究都使用γ射线作为参考辐射。只有两项研究比较了氚粒子和 X 射线的影响（Lambert，1969；Chopra 和 Heddle，1988）。在所有研究中，均以 2～1700 mGy/d 的剂量率长期给予氚和参考辐射。本研究中使用的剂量率与估算的相对生物效能之间没有明显的相关性。相同数量的研究以持续的或指数级的剂量率给予参考辐射，但该参数对 RBE 的估算没有明显影响。

（B32）在繁殖成功率降低方面，氚β粒子（氚以氚水或 ^{3}H-TdR 方式给药）的相对生物效能在 1.0～3.9 之间。氚β粒子的 23 个 RBE 值中只有 5 个超过 3.0（表 B.2）。

B.1.3　发病率的相对生物效能数据

（B33）氚β粒子诱发体内癌症已经在 3 项啮齿动物（大鼠和小鼠）研究进行估算。Gragtmans 等（1984）研究了氚β粒子和 X 射线对大鼠诱发乳腺肿瘤的影响。

Sprague-Dawley 雌性大鼠腹腔注射氚水，每隔 2 d 重复 4 次，以保持恒定的剂量率（累积剂量范围在 0.49～4.10 Gy）。另一组大鼠接受 200 kVp X 射线长期照射 10 d，总剂量为 0.3～2.0 Gy。氚β粒子的相对生物效能由剂量-效应曲线的初始斜率（最佳拟合线性关系）计算。对于每 100 只动物的累积肿瘤发生率的风险，包括接触氚水的所有剂量时 RBE 为 1.02±0.13，最高剂量 3.85 Gy 除外时，RBE 为 1.17±0.18。当考虑终点为发生肿瘤的动物的累积百分比时，包括所有剂量时 RBE 为 0.85±0.15，除剂量 3.85 Gy 时 RBE 为 1.35±0.13。当终点分析为 50%动物发生乳腺肿瘤风险所需的时间时，包括所有剂量时 RBE 为 0.67±0.13，除剂量 3.85 Gy 时 RBE 为 1.12±0.18。RBE 值与 1.0 没有统计学差异。

表 B.2　氚β粒子减少繁殖成功率的 RBE

研究系统	参考终点	参考辐射暴露（急性/慢性、剂量率、总剂量）1)	氚暴露（急性/慢性、剂量率、总剂量）2)	报告的 RBE 值（±SE）	备注	参考文献
鱼（受精卵）	椎畸形	^{137}Cs，慢性，0.44～1.89 Gy/d（恒定剂量率），总剂量 4.2～18.8 Gy	HTO，慢性，0.43～1.70 Gy/d（恒定剂量率），总剂量 3.7～16.7 Gy	1.00	—	Hyodo-Taguchi 和 Etoh（1993）
水生无脊椎（ophrytrocha diadema）	繁殖能力	^{137}Cs，慢性，0.175 Gy/d（恒定剂量率），总剂量≈13.5 Gy3)	HTO，慢性，0.175 Gy/d（恒定剂量率），总剂量 13.5 Gy3)	1.00	使用单剂量率；该研究不是为了计算 RBE 而设计	Knowles 和 Greenwood
鱼（受精卵）	雄性生殖能力	^{137}Cs，慢性，0.06～2.54 Gy/d（恒定剂量率），总剂量 0.61～25.40 Gy	HTO，慢性，0.08～1.7 Gy/d（恒定剂量率），总剂量 0.85～34.00 Gy	1.00	按 50%雄性生殖力丧失计算 RBE	Hyodo-Taguchi 和 Etoh（1986）
鼠（成年 CBA/H）	睾丸重量	250 kVp X 射线，慢性，0.13～0.33 Gy/d（剂量率呈指数递减），总剂量 1.33～3.36 Gy	HTO，慢性，0.14～0.43 Gy/d 剂量率呈指数递减），总剂量 1.43～4.34 Gy	1.07～1.40	—	Chopr 和 Heddle（1988）
小鼠（成年雄性，DBA2）	休眠的初级精母细胞的存活	200 kVp X 射线，慢性，0.02～0.16 Gy/d（剂量率呈指数递减），总剂量 0.05～0.5 Gy	^{3}H-TdR，慢性，0.06～0.11 Gyd 和 3.0～12.5 Gy/d、总剂量 0.08～0.19 Gy	1.30～1.60	根据使存活减少 27%的剂量计算 RBE	Lambert（1969）
鼠（成年，雄性，CBA）	睾丸重量	^{60}Co γ射线，长期，15 次，总剂量 0.58 Gy	HTO，慢性，未知剂量率），总剂量 0.14～0.58 Gy4)	1.43±0.19	γ射线只使用了 1 个剂量，氚水剂量在本文献中未指定（仅在图中）	Carr 和 Nolan（1979）
鼠（幼年）	初级卵母细胞存活	^{60}Co γ射线，慢性，总剂量 0.74～2.07 Gy5)	HTO，慢性，未知剂量率，总剂量 0.2～0.6 Gy5)	1.65	使用较低剂量的 RBE（0.2 Gy）（RBE＝1.5 为 0.6 Gy）	Zhou 等（1989）
鱼（受精卵）	生殖细胞［雌雄］存活	^{137}Cs，慢性，0.11～2.12 Gy/d（恒定剂量率），总剂量 4.3～21.2 Gy	HTO，慢性，0.17～1.7 Gy/d（恒定剂量率），总剂量 1.7～17 Gy	1.80	由 LD_{50} 计算的 RBE	Etoh 和 Hyodo-Taguchi（1983）

续表

研究系统	参考终点	参考辐射暴露（急性/慢性、剂量率、总剂量）[1]	氚暴露（急性/慢性、剂量率、总剂量）[2]	报告的 RBE 值（±SE）	备注	参考文献
鼠（幼年）	初级卵母细胞存活	^{60}Co γ射线，慢性（剂量率呈指数递减），总剂量 0.74～2.07 Gy[5]	HTO，慢性，0.002～0.006 Gy/d（剂量率呈指数递减），总剂量 0.2～0.6 Gy[5]	2.00	β 粒子 RBE 的剂量为 0.2 Gy（RBE＝1.4 为 0.6 Gy）	Zhou 等（1989）
鼠（成年，雄性）	睾丸重量	^{60}Co γ射线，长期，15 次，总剂量 0.58 Gy	^{3}H-TdR，慢性，未知剂量率，总剂量 0.03～0.50 Gy	2.07±0.25	γ射线只使用一个剂量，^{3}H-TdR 的剂量在本文献未指定（仅在图中）	Carr 和 Nolan（1979）
鱼（受精的青鳉鱼）	雌性生殖细胞存活	^{137}Cs γ射线，慢性，0.11～2.12 Gy/d（恒定剂量率），总剂量 4.3～21.2 Gy	HTO，慢性，0.17～1.7 Gy/d（恒定剂量率），总剂量 1.7～17 Gy	2.20	由 LD_{50} 计算的 RBE	Etoh 和 HyodoTaguchi（1983）
鼠（成年雄性，DBA2）	休眠的初级精母细胞细胞存活	200 kVp X 射线，慢性，0.02～0.16 Gy/d（剂量率呈指数递减），总剂量 0.05～0.50 Gy	HTO，慢性，0.04～0.06 Gy/d（剂量率呈指数递减），总剂量 0.05～0.12 Gy[6]	2.30～2.40	RBE 是根据存活减少 27% 的剂量计算的；由于剂量学假设，应谨慎考虑 RBE 值	Lambert（1969）
鼠（幼年）	精原细胞存活	^{60}Co γ射线，慢性，未知剂量率，总剂量 0.74～2.87 Gy[5]	HTO，慢性，未知剂量率，总剂量 0.2～0.6 Gy[5]	2.30～2.50	—	Zhou 等（1989）
鼠（子宫内，瑞士-韦伯斯特）	初级卵母细胞存活	^{60}Co γ射线，慢性，0.01～0.03 Gy/d（恒定剂量率），总剂量 0.33～1.05 Gy	HTO，慢性，0.002～0.02 Gy/d（恒定剂量率）、总剂量 0.07～0.65 Gy	2.50	γ剂量为 0.2 Gy 时 RBE（γ 剂量为 0.4 Gy 时 RBE＝为 1.8）	Dobson 和 Kwan（1976）
小鼠（胚胎，Swiss-Webster）	初级卵母细胞存活	^{60}Co γ射线，慢性，0.008～0.038 Gy/d（恒定剂量率），总剂量 0.26～1.25 Gy	HTO，慢性，0.025～0.051 Gy/d（恒定剂量率），总剂量 0.57～0.83 Gy	2.5	RBE 用于较低的剂量；RBE 与剂量成反比变化（剂量率）	Dobson 和 Kwan（1977）
小鼠（成年，雌性，LACA）	卵母细胞显性致死突变	^{60}Co γ射线，慢性，未知剂量率，总剂量 0.53～2.70 Gy	HTO，慢性，未知剂量率，总剂量 0.04～0.91 Gy	2.50	由曲线的斜率计算的 RBE	Zhou 等（1989）
大鼠（Donryu）	存活胎儿的异常量	^{137}Cs，慢性，与氚水相同剂量率（剂量率呈指数递减），总剂量 1.75～6.80 Gy	HTO，慢性，0.14～1.06 Gy/d（剂量率呈指数递减），总剂量 1.75～6.80 Gy	2.60	20%异常的 RBE（50%异常的 RBE 为 2.0）	Satow 等（1989b）

续表

研究系统	参考终点	参考辐射暴露（急性/慢性、剂量率、总剂量）[1]	氚暴露（急性/慢性、剂量率、总剂量）[2]	报告的 RBE 值（±SE）	备注	参考文献
小鼠（幼年）	精子存活	^{60}Co γ射线，慢性，未知剂量率，总剂量 0.74～2.87 Gy[5]	HTO，慢性，未知剂量率，总剂量 0.2～1.01 Gy[5]	2.8	剂量为 0.6 Gy 的β粒子的 RBE（剂量为 0.6 Gy 时 RBE 为 1.4）	Zhou 等（1989）
小鼠（幼年）	卵母细胞显性致死突变	^{60}Co γ射线，慢性，未知剂量率，总剂量 0.74～2.07 Gy[5]	HTO，慢性，0.002～0.006 Gy/d（剂量率呈指数递减），总剂量 0.2～0.6 Gy[5]	3.40	剂量为 0.2 Gy 的β粒子 RBE（剂量为 0.6 Gy 时 RBE 为 2.8），根据剂量反应曲线的斜率计算 RBE	Zhou 等（1989）
小鼠（幼年，ICR）	卵母细胞存活	^{137}Cs γ射线，慢性，0.03～0.09 Gy/d（剂量率呈指数递减），总剂量 0.06～0.21 Gy[7]	HTO，慢性，≈0.003～0.018 Gy/γ（剂量率呈指数递减），总剂量 0.04～0.25 Gy[7]	3.50	剂量为 0.04 Gy 时的 RBE（剂量为 0.24 Gy 时 RBE 为 1.1）。采用单目标模型从生存曲线计算 RBE	Satow 等（1989a）
鱼（受精的青鳉鱼）	雌性生殖能力	^{137}Cs，慢性，0.06～2.54 Gy/d（恒定剂量率），总剂量 0.61～25.40 Gy	HTO，慢性，0.08～1.7 Gy/d（恒定剂量率），总剂量 0.85～34.00 Gy	3.75	计算减少 50%雌性生殖能力的 RBE	Hyodo-Taguchi 和 Etoh（1986）
小鼠（幼年）	精母细胞显性致死突变	^{60}Co γ射线，慢性，未知剂量率，总剂量 0.74～2.01 Gy	HTO，慢性，0.002～0.006 Gy/d（剂量率呈指数递减），总剂量 0.2～0.6 Gy[6]	3.90	剂量为 0.2 Gy 的β粒子的 RBE（剂量为 0.6 Gy 时 RBE 为 1.6），根据剂量反应曲线的斜率计算 RBE	Zhou 等（1989）
小鼠（幼年）	精原细胞显性骨架突变	^{60}Co γ射线，慢性，未知剂量率，总剂量 0.74～2.87 Gy[6]	HTO，慢性，未知剂量率，总剂量 0.2～1.01 Gy[6]	3.92	0.6 Gy 的β粒子的 RBE(剂量为 0.2 Gy 时 RBE 为 3.48)，根据剂量反应曲线的斜率计算 RBE	Zhou 等（1989）

注：1）除非特别注明，否则为外照射；2）除非特别说明，否则为内照射；3）正如文献中所描述的那样，考虑到辐照周期从卵子（在其产卵之前）延长到蠕虫接近其生命的结束，共约 11 周，计算了受到的辐射总剂量；4）超过 16 周的睾丸平均吸收剂量；5）总剂量超过 10 d；6）睾丸估算剂量；7）超过 14 d 总的累积剂量。

（B34）Johnson 等（1995）研究了氚β粒子和 X 射线诱导小鼠髓系白血病的效能。CBA/H 小鼠单次腹腔注射氚水（累积β剂量 0.85～3.04 Gy）。另一组接受 150～200 kVp X 射线长期照射 10 d，剂量率为 0.24～0.72 Gy/d（总剂量为 1.06～2.64 Gy）。考虑到每 1 万个小鼠发生髓系白血病的剂量效应的不同拟合度，计算氚β粒子的 RBE 值，范围为 1.1～1.24，最准确的估算是 1.2±0.3。

（B35）研究了氚β粒子和 ^{137}Cs γ射线对小鼠不同器官肿瘤发展的影响（Seyama 等，1991）。成年雌性小鼠（C57BL/6N 和 BCF1）单次腹腔注射氚水（β累积剂量为 0.27 或 2.7 Gy）。另一组小鼠接受 ^{137}Cs γ射线长期照射（总剂量为 0.27 或 2.7 Gy，每天 0.08 和 0.76 Gy。根据受到 2.7 Gy 照射 500 d 后肿瘤发生率的数据计算，氚粒子的 RBE 为 2.5。

（B36）研究氚β粒子在成年雌性小鼠（CF1）中引起脾脏和胸腺萎缩的相对生物效能，使用γ射线作为参考辐射（Stororer 等，1957）。小鼠接受单次腹腔注射氚水，然后在饮用水中注射氚水，以在 5 d 内保持氚浓度恒定（累积剂量为 1.25～3.50 Gy）。5 d 的γ射线照射剂量率与氚水照射剂量率相似（总剂量为 1.25～3.5 Gy）。脾萎缩时氚β粒子 RBE 为 1.32±0.12，胸腺萎缩，RBE 为 1.52±0.15。Stororer 等还研究了在上述实验中使用的相同剂量率和剂量下，与 ^{60}Coγ射线相比，氚β粒子减少成年大鼠（Sprague-Dawley）红细胞摄取 ^{59}Fe 的能力，发现氚β粒子对红细胞吸收 ^{59}Fe 的 RBE 为 1.64±0.05。

（B37）Ijiri（1989）研究了氚β粒子对成年雄性小鼠隐窝细胞死亡（凋亡）的相对生物效能（C57B1/6）。腹腔注射氚水的浓度范围为 0.001～1.164 Gy/d（累积剂量 2.0 Gy）。另一组小鼠接受 ^{137}Cs γ射线的长期照射，剂量率为 0.014～11.52 Gy/d（总剂量 2.9 Gy）。利用每隐窝切片的最大凋亡细胞数所进行的估算结果，以 3 个最高剂量获得的数据的平均值计算，氚β粒子的 RBE 小肠为（1.6±0.2）和降结肠为（1.4±0.1）。RBE 也由相应的β粒子和γ射线剂量效应曲线得到的 D_0 值（使存活率降低到 37%的剂量）计算，小肠为 2.0±0.2，降结肠为 1.8±0.2。

（B38）氚β粒子体外细胞存活的 RBE 已在转化细胞系的实验中估算。Ueno 等（1982）研究了氚β粒子（以氚水形式给予氚）和 ^{60}Coγ射线对 L5178Y 细胞存活的影响。将氚水添加到培养基中，浓度为 22.2～166.5 MBq/mL（总剂量约为 11.0 Gy）。另一个细胞系样本暴露于 ^{60}Coγ辐射 4.5～100 h，剂量率为 2.9～11.5 Gy/d（总剂量 11.0 Gy）。用线性模型拟合生存曲线时，氚β粒子在 50%存活时的 RBE 为 1.4，用线性二次模型拟合生存曲线时的 RBE 为 1.6。

（B39）Bedford 等（1975）在细胞生存研究中使用了小鼠白血病细胞系（L5178Y）和中国仓鼠细胞系（V79B）。氚水或氚标记脱氧嘧啶核苷酸（^{3}H-TdR）暴露于β累积剂量 1.0～16.0 Gy（剂量率 4.8 Gy/d）的细胞系，参考辐射为 ^{60}Coγ射线，剂量率和总剂量相同。照射时细胞处于冷冻状态（以防止细胞分裂）或 5 ℃。在 ^{3}H-TdR 中，氚β粒子对 L5178Y 和 V79B 细胞存活（冷冻状态下）的 RBE 值分别为 3.0 和 4.4。然而，Bedford 等还指出了剂量计算的不确定性，氚标记脱氧嘧啶核苷酸结合到 DNA 中，平均细胞剂量会低估其效应。对于在 5 ℃下受照的 V79B 细胞，两种形式氚的相对生物效能为 1.7～1.9。

（B40）总之，氚β粒子作为氚水使用时产生发病率效应的相对生物效能已在小型哺乳动物系统中单独进行了研究，无论是在体内（小鼠和大鼠）还是体外（转化细胞系，如小鼠淋巴细胞白血病 L5178Y，或中国仓鼠 V79B）。只有两项研究使用 X 射线作为参考辐射（Gragtmans 等，1984；Johnson 等，1995）。在其余的研究中，^{137}Cs、^{60}Co 或 ^{226}Ra γ射线被用作参考辐射。

（B41）在氚β粒子相对生物效能研究中分析了若干与发病率有关的终点，包括肿瘤诱发（乳腺肿瘤和髓系白血病）（Gragtmans 等，1984；Seyama 等，1991；Johnson 等，1995），测试动物的组织损伤（脾脏和胸腺萎缩，降结肠和肠道细胞存活，^{59}Fe 摄取降低）（Storage 等，1957；Ijiri，1989）和转化细胞系的细胞存活（Bedford 等，1975；Ueno 等，1982）。

（B42）以氚水方式给药时，氚β粒子产生致病效应的相对生物效能值在 1.0～2.5 之间。大多数 RBE 值＜2:0（12 个值中有 10 个）（表 B.3）。一项使用氚标记脱氧嘧啶核苷酸对细胞系进行处理的研究表明，RBE 值在 1.7～4.4 之间，这取决于细胞系被照射的温度和研究中使用的细胞类型。

B.1.4 染色体损伤和突变的相对生物效能

（B43）Byrne 和 Lee（1989）利用果蝇生殖细胞估算氚β粒子诱导突变的 RBE。成年雄性果蝇暴露在总剂量为 6.4～25.5 Gy 的氚水或 ^{60}Coγ射线中超过 48 h。在不同的实验组中，对生殖细胞的性连锁隐性致死突变进行了分析。根据遗传给连续几代的基因突变的剂量效应曲线的斜率计算，氚粒子的 RBE 为 2.7±0.3。

表 B.3　氚β粒子致病效应的 RBE

研究系统	参考终点	参考辐射暴露（急性/慢性、剂量率、总剂量）1)	氚暴露（急性/慢性、剂量率、总剂量）2)	报告的 RBE 值（±SE）	备注	参考文献
大鼠（成年，雌性，SpragueDawley）	乳腺肿瘤（50%动物发生肿瘤风险的时间）	200 kVp X 射线，慢性，0.03～0.20 Gy/d，总剂量 0.3～2.0 Gy	HTO，慢性，未知剂量率，总剂量 0.49～4.10 Gy3)	1.12±0.184)	除外高剂量氚水时的 RBE（纳入所有氚水剂量时 RBE 为 0.67±0.13）；根据剂量-效应曲线的初始斜率计算的 RBE	Gragtmans 等（1984）
大鼠（成年，雌性，SpragueDawley）	乳腺肿瘤（每 100 只动物的累积肿瘤发生率风险）	200 kVp X 射线，慢性，0.03～0.20 Gy/d，总剂量 0.3～2.0 Gy	HTO，慢性，未知剂量率，总剂量 0.49～4.10 Gy	1.17±0.184)	除外高剂量氚水时的 RBE（纳入所有氚水剂量时 RBE 为 1.02±0.13）。根据剂量-效应曲线的初始斜率计算的 RBE	Gragtmans 等（1984）
小鼠（成年，CBA/H）	髓系白血病	150～200 kVp X 射线，慢性，0.24～0.72 Gy/d，总剂量 1.06～2.64 Gy	HTO，慢性，未知剂量率，总剂量 0.85～3.04 Gy	1.20±0.30	最佳拟合剂量-效应曲线计算的 RBE	Johnson 等（1995）
小鼠（成年，雌性，CF1）	脾脏萎缩（重量减轻）	γ射线，5 d，氚水和γ的剂量率相似（恒定剂量率），总剂量 1.25～3.5 Gy	HTO，5 d，HTO 和γ的剂量率相似（恒定剂量率），总剂量 1.25～3.5 Gy	1.32±0.124)		Storer 等（1957）
大鼠（成年，雌性，Sprague Dawley）	乳腺肿瘤（患肿瘤动物的累积百分比）	200 kVp X 射线，慢性，0.03～0.2 Gy/d，总剂量 0.3～2.0 Gy	HTO，慢性，未知剂量率，总剂量 0.49～4.10 Gy3)	1.35±0.134)	除外高剂量氚化水时的 RBE（纳入所有氚水剂量时 RBE 为 10.85±0.15）。根据剂量-效应曲线的初始斜率计算的 RBE	Gragtmans 等（1984）
L5178Y（小鼠淋巴细胞白血病细胞系）	存活	^{60}Co γ射线，慢性，2.88～11.52 Gy/d（恒定剂量率），总剂量 0.5～11.0 Gy	HTO，慢性，≈2.4～9.6 Gy/d5)（恒定剂量率），总剂量 1.0～11.0 Gy	1.40～1.60	计算 LD_{50} 的 RBE	Ueno 等（1982）

续表

研究系统	参考终点	参考辐射暴露（急性/慢性、剂量率、总剂量）[1]	氚暴露（急性/慢性、剂量率、总剂量）[2]	报告的 RBE 值（±SE）	备注	参考文献
小鼠（成年，雌性，CF1）	胸腺萎缩（重量减轻）	γ射线，5 d，氚水和γ的剂量率相似（恒定剂量率），总剂量 1.25～3.5 Gy	HTO，5 d，HTO 和γ的剂量率相似（恒定剂量率），总剂量 1.25～3.5 Gy	1.52±0.15		Storer 等（1957）
大鼠（成年，雄性，Sprague Dawley）	抑制红细胞对 ^{59}Fe 的吸收	^{60}Co γ射线，5 d，氚水和γ的剂量率相似（恒定剂量率），总剂量 1.25～3.5 Gy	HTO，5 d，HTO 和γ的剂量率相似（恒定剂量率），总剂量 2.92～5.91 Gy	1.64±0.05		Storer 等（1957）
V79B（中国仓鼠细胞系）	存活	^{60}Co γ射线，慢性，≈4.8 Gy/d（恒定剂量率），总剂量≈1.0～16.0 Gy	HTO，慢性，≈4.8 Gy/d（恒定剂量率），总剂量≈1.0～16.0 Gy	1.70～1.90	细胞在 5 ℃时受照	Bedford 等（1975）
V79B（中国仓鼠细胞系）	细胞存活	^{60}Co γ射线，慢性，≈4.8 Gy/d（恒定剂量率），总剂量≈1.0～16.0 Gy	^{3}H-TdR，慢性，≈4.8 Gy/d（恒定剂量率），总剂量≈1.0～16.0 Gy	1.70～1.90	细胞在 5 ℃时受照	Bedford 等（1975）
小鼠（成年，雄性，C57B1/6）	降结肠细胞凋亡	^{137}Cs，慢性，0.014～11.52 Gy/d（恒定剂量率），总剂量 2.9 Gy	HTO，慢性，0.001～1.164 Gy/d（恒定剂量率），总剂量 2.0 Gy	1.80±0.20	计算 D_0 的 RBE	Ijiri（1989）
小鼠（成年，雄性，C57B1/6）	小肠细胞凋亡	^{137}Cs，慢性，0.014～11.52 Gy/d（恒定剂量率），总剂量 2.9 Gy	HTO，慢性，0.001～1.164 Gy/d（恒定剂量率），总剂量 2.0 Gy	2.00±0.20	计算 D_0 的 RBE	Ijiri（1989）
小鼠（成年，雌性，C57BL/6N 和 BCF1）	肿瘤发展（不同器官）	^{137}Cs，慢性，0.08 或 0.76 Gy/d，总剂量 0.27 或 2.7 Gy	HTO，慢性，剂量率未知，总剂量 0.27 或 2.7 Gy	2.50	计算受到 2.7 Gy 照射 500 d 后致癌性的 RBE	Seyama 等（1991）
V79B（中国仓鼠细胞系）	细胞存活	^{60}Co γ射线，慢性，≈4.8 Gy/d（恒定剂量率），总剂量≈1.0～16.0 Gy[5]	^{3}H-TdR，慢性，≈4.8 Gy/d（恒定剂量率），总剂量≈1.0～16.0 Gy[5]	3.0	冷冻状态下照射的细胞	Bedford 等（1975）
L5178Y（小鼠淋巴细胞白血病细胞系）	细胞存活	^{60}Co γ射线，慢性，≈4.8 Gy/d（恒定剂量率），总剂量≈1.0～16.0 Gy[5]	^{3}H-TdR，慢性，≈4.8 Gy/d（恒定剂量率），总剂量≈1.0～16.0 Gy[5]	4.4	冷冻状态下照射的细胞	Bedford 等（1975）

注：1）除非特别注明，否则为外照射；2）除非特别说明，否则为内照射；3）包括 50%剂量来源乳腺脂质结合氚，当不考虑脂质结合氚的剂量时，估算剂量为 0.46～3.85 Gy；4）RBE 值与 1.0 在统计上没有差异；5）使用的剂量范围未在文本中描述（从图中估算）。

（B44）Matsuda 等（1986）研究了氚β粒子与γ辐射相比在受精卵中诱导染色体畸变的效应。以 1.02～4.08 Gy/d 和总剂量为 0.085～0.34 Gy，或暴露于 ^{60}Co γ辐射 2 h，剂量率为 0.62～3.54 Gy/d 和总剂量 0.05～0.30 Gy。结果表明，氚β粒子与 ^{60}Co γ射线在＞0.05 Gy 剂量下的剂量-效应曲线近似为线性关系。因此，这些剂量拟合的线性回归系数被用来计算氚β粒子的 RBE 为 2。以 X 射线为参考辐射，采用急性暴露于 X 射线的受精卵染色体畸变频率的结果（该小组在以往研究中获得的结果），计算出 RBE 为 1.6（Matsuda 等，1983，1985a，b）。

（B45）两组研究了氚β粒子诱导小鼠精母细胞染色体畸变的 RBE。Zhou 等（1989）研究了幼年小鼠精母细胞染色体畸变的诱导。小鼠腹腔注射一次氚水，然后在饮用水中保持氚的剂量率不变。β辐射累积剂量范围为 0.2～1.0 Gy（剂量率为 0.005～0.05 Gy/d）。另一组小鼠以恒定剂量率接受 ^{60}Co γ射线慢性照射 10 d（总剂量 0.43～2.04 Gy，剂量率为 0.04～0.20 mGy/d）。计算 RBE 值为 2.9～3.8。

（B46）Chopra 和 Heddle（1988）分析了氚β粒子在小鼠初级精母细胞和外周血淋巴细胞中产生染色体畸变的 RBE。小鼠（CBA/H）接受单次腹腔注射氚水或 250 kVp X 射线照射 10 d，总剂量为β辐射和 X 射线在 1.5～6.0 Gy。建立了不同类型染色体畸变的剂量-效应曲线，并根据其斜率计算 RBE。氚β粒子诱导原代精母细胞染色体易位的 RBE 为 1.21［95%可信区间（CI）0.8～1.9］。原代精母细胞诱导双着丝粒体和着丝点环的 RBE 为 1.26。诱导外周血淋巴细胞染色体畸变的 RBE 为 1.14［95%可信区间（CI）0.8～1.5］。最终得出的结论是不同的 RBE 与 1 没有统计学差异。

（B47）Kamiguchi 等（1990a，b）研究了氚β粒子诱导人精子染色体畸变的 RBE。用氚水（57～900 MBq/mL）体外处理精子样品 80 min。Kamiguchi 等认为，由于难以准确确定精子的吸收剂量，剂量以估算的最小剂量和估算的最大剂量之间的范围表示。最小剂量和最大剂量估算分别在 0.14～2.06 Gy 和 0.25～3.74 Gy 之间。没有计算剂量率。其他精子样品在体外用 220 kVp X 射线照射，剂量率为 628 Gy/d，总剂量为 0.23～1.82 Gy。辐照后，对两个样本进行了染色体异常精子分析和不同类型的畸变（缺失、异位、染色体和染色单体类型）。不同终点氚β粒子的 RBE 在 1.89～3.00（最小值）和 1.04～1.65（最大值）之间。Kamiguchi 等认为最大剂量估算值更可靠（Kamiguch 等，1990a，b）。

（B48）Kozlowski 等（2001）评估了氚β粒子和 X 射线小鼠在子宫内受照致其骨髓细胞染色体畸变的能力。从受孕第 1 d 直到第 20 d 分娩，在怀孕小鼠的饮用水或水芹中加入氚处理。摄食氚水和含氚水芹后，小鼠孕期累积剂量分别为 0.6 和 0.3 Gy。出生后 28 d 内氚水和含氚水芹的估算累积剂量均为 0.1 Gy。另一组雌性妊娠小鼠在妊娠第 7 d 或第 14 d 用 250 kVp X 射线急性照射，总剂量为 0.5 Gy。检测各组母、子代骨髓细胞的染色体畸变。在 3 个照射组（氚水、含氚水芹和 X 射线）中，母代及其子代的骨髓中定量检测到类似水平的稳定染色体畸变。Kozlowski 等没有计算氚β粒子的相对生物效能值，但他们表示，结果与相对生物效能在 1.0～2.0 范围内一致。

（B49）几个小组已经研究了氚β粒子体外诱导人外周血淋巴细胞染色体畸变的 RBE。Bocian 等（1978）以剂量率为 3.36～30.48 Gy/d 的氚水处理血液样本 2 h。累积剂量为 0.28～2.55 Gy，或以剂量率为 2 736 Gy/d 的 180 kVp X 射线急性照射，总剂量为 0.5～3.0 Gy。由急性暴露后外周血淋巴细胞染色体畸变频率（双着丝粒体和双着丝粒环）的剂量-效应曲线可知，氚β粒子的 RBE 为 1.17±0.02。Vulpis（1984）的另一项研究中，外周血样本暴露于氚水 20～150 min，估算剂量率为 18.14～66.53 Gy/d，累积剂量 0.25～7.0 Gy，计算淋巴细胞的双着丝粒改变。为了计算氚β粒子的相对生物效能，这些研究人员使用了在同一实验室、相同条件下获得的数据，用于在总剂量为 0.4～9 Gy 的情况下急性暴露于 250 kVp X 射线的血液样本。相对生物效能的计算方法是将畸变率曲线与线性二次剂量响应拟合得到的 RAPs 中的 69 个辐射加权系数的比值。在 0.25 Gy 剂量下计算 RBE 为 2.6，RBE 随剂量增加而降低，在 7.0 Gy 时 RBE 为 1.1。

（B50）Tanaka 等（1994）研究了氚β粒子对人外周血淋巴细胞和人骨髓细胞产生染色体畸变的影响。以 4.8 Gy/d 和总剂量为 0.13～1.11 Gy，或以 28.8 Gy 的剂量率用 ^{60}Co 或 ^{137}Cs γ射线照射，^{60}Co 的总剂量为 0.25～2.0 Gy，剂量率为 0.29 Gy/d，^{137}Cs 的总剂量为 2.0 Gy。在人外周血淋巴细胞中，以 ^{60}Co γ射线为基准辐射时，诱发染色体畸变和双着丝粒体改变的氚β粒子的 RBE 值分别为 2.2～2.7 和 2.1～2.3。^{137}Cs γ射线为参考辐射时，诱导染色体畸变的 RBE 为 2.0。以 ^{60}Co γ射线为基准辐射时，人骨髓细胞染色体畸变和染色单体畸变诱导的 RBE 值分别为 1.13 和 3.10。

（B51）Dewey 等（1965）将中国仓鼠细胞系置于氚水或 ^{3}H-TdR 中 10 h，

剂量率和剂量未报道。其他细胞样品在同一时间内用 ^{60}Co γ 射线照射，剂量率为 3.5～20.7 Gy/d，总剂量为 1.47～8.65 Gy。计算各组的染色体畸变发生率。根据每个细胞产生两个可见畸变所需的剂量（^{3}H-TdR 为 8.2 Gy，氚水为 4.9 Gy，^{60}Co γ 射线为 5.2 Gy）计算出氚 β 粒子的相对生物效能，氚水暴露的 RBE 值为 1.06，^{3}H-TdR 暴露的 RBE 值为 1.0。

（B52）Ueno 等（1982）也研究了氚 β 粒子的 RBE，以氚水给药，以 ^{60}Co γ 射线为参考辐射，诱导小鼠淋巴细胞白血病细胞系 L5178Y 突变和微核产生。在突变研究中，细胞系暴露于累积剂量为 1.5～5.0 Gy 的氚 β 粒子，剂量率为 2.0～6.0 Gy/d，或 ^{60}Co 辐照总剂量 2.0～6.0 Gy，剂量率 2.40～7.20 Gy/d。在微核研究中，氚辐射总剂量为 1.0～8.0 Gy，^{60}Co 辐射总剂量为 2.0～9.0 Gy，β 和 γ 辐射剂量率分别为 1.2～9.6 Gy/d 和 2.40～10.80 Gy/d。氚 β 粒子诱导突变的 RBE 值为 1.8。根据每 1 000 个细胞产生 25 和 50 个微核所需的剂量，计算出 RBE 值分别为 2.3 和 1.8（Ueno 等，1982）。

（B53）总之，氚 β 粒子对染色体损伤和突变的 RBE 的大多数研究都是在体外哺乳动物细胞以氚水的形式进行的。一项使用中国仓鼠细胞系的研究使用了 ^{3}H-TdR。实验系统包括受精卵（Matsuda 等，1986）、人类细胞样本（骨髓、外周血淋巴细胞、精子）（Bocian 等，1978；Vulpis；1984；Kamiguchi 等，1990b；Tanaka 等，1994）和细胞系（中国仓鼠和小鼠淋巴细胞白血病）（Dewey 等，1965；Ueno 等，1982）。Byrne 和 Lee 在果蝇（1989）中进行了一项体外研究，用小鼠进行了 3 次染色体损伤的体内研究（Chopra 和 Heddle，1988；Zhou 等，1989；Kozlowsk 等，2001）。

（B54）其他终点研究包括小鼠淋巴细胞白血病细胞系 L5178Y 的突变和微核的发生（Ueno 等，1982）以及果蝇的性连锁隐性致死突变（Byrne 和 Lee，1989）。

（B55）除两项研究外的所有研究（Matsuda 等，1986；Kozlowski 等，2001）使用氚 β 粒子剂量＞1 Gy，在 0.005～66.50 Gy/d 范围内给予恒定剂量率，更多的研究使用 γ 射线（16 种中有 10 种）而不是 X 射线（16 种中有 6 种）作为参考辐射。

（B56）氚 β 粒子产生染色体损伤和突变的 RBE 值估算从 1.0 到 3.8 不等。只有两个 RBE 估算值为＞3.0（8 个值在 1.0～1.9 范围内，6 个值在 2.0～2.9 范围内）（表 B.4）。

表 B.4 氚β粒子对染色体损伤和突变的 RBE

研究系统	终点	参考辐射照射（急性/慢性、剂量率、总剂量）[1)]	氚暴露（急性/慢性、剂量率、总剂量）[2)]	RBE 值（±SE）	备注	参考文献
中国仓鼠细胞系	染色体畸变	^{60}Coγ，慢性，3.5～20.7 Gy/d、总剂量 1.47～8.65 Gy	^{3}H-TdR，慢性，剂量率未知，总剂量未知	1.00	根据每个细胞产生两次可见畸变所需要的剂量计算 RBE	Dewey 等（1965）
人类精子	染色体畸变	220 kVp X 射线，急性，628 Gy/d、总剂量 0.23～1.82 Gy	HTO，急性，未知剂量率，2.06 Gy 时，总剂量最低 0.14、3.74 Gy 时总剂最为 0.25	1.04～1.65	最大剂量的 RBE 值（真实的 RBE 非常接近此值）；计算最小剂量的 RBE（RBE＝1.89～3.00）	Kamiguchi 等（1990b）
小鼠（子宫内，CBA/H）	骨髓细胞中稳定染色体畸变	250 kVp X 射线，急性，1.05 Gy/d、总剂量 0.5 Gy	HTO 和氚化食物，慢性，未知剂量率，总剂量 0.7 Gy HTO 和 0.4 Gy 氚化水芹	1.00～2.00	估算了 HTO 和氚化水芹的 RBE 值	Kozlowski 等（2001）
中国仓鼠细胞系	染色体畸变	^{60}Co γ，慢性，3.5～20.7 Gy/d、总剂量 1.47～8.65 Gy	HTO，慢性，未知剂量率，未知总剂量	1.06	根据每个细胞产生两个可见像差所需剂量计算 RBE	Dewey 等（1965）
人类骨髓	染色体畸变类型	^{60}Coγ，急性，28.8 Gy/d（恒定剂量率），总剂量 0.25～2.0 Gy	HTO，急性，4.8 Gy/d（恒定剂量率），总剂量 0.13～1.11 Gy	1.13	—	Tanaka 等（1994）
小鼠（CBA/H）	外周血淋巴细胞中的染色体畸变	250 kVp X 射线，慢性，≈0.15～0.6 Gy/d（剂量指数递减率），总剂量 1.5～6.0 Gy	HTO，慢性，≈0.15～0.6 Gy/d（剂量指数递减率），总剂量 1.5～6.0 Gy	1.14	RBE 与 1.0 无统计学差异（95% CI 0.8～1.5）	Chopra 和 Heddle（1988）
人外周血淋巴细胞	染色体畸变	180 kVp X 射线，急性，2 736 Gy/d（恒定剂量率），总剂量 0.5～3.0 Gy	HTO，急性，3.36～30.48 Gy/d（恒定剂量率），总剂量 0.28～2.55 Gy	1.17±0.02	—	Bocian 等（1978）
小鼠（CBA/H）	初级精母细胞的染色体畸变	250 kVp X 射线，慢性，剂量率未知，总剂量 1.5～6.0 Gy	HTO，慢性，剂量率未知，总剂量 1.5～6.0 Gy	1.21	RBE 与 1.0 无统计学差异（95% CI 0.8～1.9）	Chopra 和 Heddle（1988）

续表

研究系统	终点	参考辐射照射（急性/慢性、剂量率、总剂量）[1]	氚暴露（急性/慢性、剂量率、总剂量）[2]	RBE值（±SE）	备注	参考文献
鼠淋巴细胞白血病细胞系L5178Y	突变频率	^{60}Co γ，慢性，剂量率≈2.40～7.20 Gy/d[3]（恒定剂量率），总剂量≈2.0～6.0 Gy[3]	HTO，慢性，≈2.0～6.0 Gy/d[3]（恒定剂量率），总剂量≈1.5～5.0 Gy[3]	1.8	—	Ueno等（1982）
人外周血淋巴细胞	染色体畸变	^{137}Cs γ，急性，0.29 Gy/d、总剂量2 Gy	HTO，急性，4.8 Gy/d、总剂量0.13～1.11 Gy	2.00	—	Tanaka等（1994）
小鼠卵（早期原核期）	染色体畸变	^{60}Co γ，急性，0.62～3.54 Gy/d、总剂量0.05～0.30 Gy	HTO，急性，1.02～4.08 Gy/d、总剂量0.085～0.34 Gy	2.00	RBE由线性回归系数＞0.05 Gy计算	Matsuda等（1986）
人外周血淋巴细胞	染色体畸变	^{60}Co γ，急性，28.8 Gy/d、总剂量0.2～2.0 Gy	HTO，急性，4.8 Gy/d、总剂量0.13～1.11 Gy	2.30～2.70	不同染色体畸变的RBE（单着丝粒和双着丝粒）	Tanaka等（1994）
鼠淋巴细胞白血病细胞系L5178Y	微核频率	^{60}Co γ，慢性，剂量率≈2.40～10.80 Gy/d[3]（恒定剂量率），总剂量≈2.0～9.0 Gy[3]	HTO，慢性，剂量率≈1.2～9.6 Gy/d[3]（恒定剂量率），总剂量≈1.0～8.0 Gy[3]	2.3	RBE根据产生25微核/1000细胞所需的剂量计算（RBE＝1.8来自产生50微核/1000细胞所需的剂量）	Ueno等（1982）
人外周血淋巴细胞	染色体畸变	250 kVp X射线，急性，509 G/d（恒定剂量率），总剂量0.05～9 Gy	HTO，急性，18.14～66.53 Gy/d（恒定剂量率），总剂量0.25～7.0 Gy	2.60	RBE在0.25 Gy RBE随剂量增加而降低（7 Gy时RBE＝1.1）	Vulpis（1984）
昆虫（果蝇，成年雄性）	性连锁隐性致死	^{60}Co γ，慢性，剂量率≈3.0～12.5 Gy/d（恒定剂量率），总剂量6.4～25.5 Gy	HTO，慢性，剂量率≈3.0～12.5 Gy/d（恒定剂量率），总剂量6.4～25.5 Gy	2.70±0.30	—	Byrne和Lee（1989）
人类骨髓	染色单体型畸变	^{60}Co γ，急性，28.8 Gy/d（恒定剂量率），总剂量0.25～2.0 Gy	HTO，急性，4.8 Gy/d（恒定剂量率），总剂量0.13～1.11 Gy	3.10	—	Tanaka等（1994）
小鼠（幼年）	精母细胞的染色体畸变	^{60}Co γ，慢性，0.04～0.20 Gy/d（恒定剂量率），总剂量0.43～2.04 Gy	HTO，慢性，0.005～0.05 Gy/d（恒定剂量率），总剂量0.2～1.0 Gy	3.80	使用低剂量的RBE（0.2 Gy）RBE＝2.9用于0.6 Gy的β粒子剂量	Zhou等（1989）

注：1）除非特别注明，否则为外照射；2）除非特别说明，否则内照射；3）使用的剂量范围（剂量率）在文中未作说明（根据图中估算）。

B.2 氚β粒子RBE的其他文献综述

（B57）在过去的20年中，已报道关于氚β粒子RBE值的文献。这些文献大多与评估人类健康风险有关。因此，在低剂量和低剂量率下（随机效应），更相关的终点被认为与癌症的诱发和遗传效应直接相关。用X射线或γ辐射作为参考辐射时，在体内或体外研究对氚的估算，每篇文献分析的信息几乎是相同的。正如所料，不同文献的结论十分相似（表B.5）。在所选的文献信息标准中，仍有一些微小的差异。一些作者只参考了发表在同行评审期刊上的论文（Little和Lambert，2008），而其他作者则同时参考了发表在会议论文集中的论文（Fairlie，2007）。

表B.5　已发表文献中的氚β粒子的RBE值的结论摘要

作者	发表时间	RBE值	
		X射线作为参考辐射	γ辐射作为参考辐射
Straume和Carsten	1993	1.8（主要在1.0～2.0范围内）	2.3（主要在2.0～3.0范围内）
加拿大环境与卫生部	2003	等于2倍γ辐射	生殖（主要在2.0～3.0范围内）
HPA	2007	1.0～2.0	2.0～3.0
Fairlie	2007	1.0～3.0（虽然数据稀缺）	1.3～3.4（平均值2.0）
Little和Lambert	2008	随机终点1.17（95%CI 0.96～1.39）	2.19（95%CI 2.04～2.33）
CNSC	2010	1.4	2.2
联合国原子辐射效应科学委员会	2016	0.4～8.0（以1.5～2.0为中心）	1.0～5.0（以2.0～2.5为中心）

（B58）加拿大环境与卫生部（Environment Canada and Health Canada）（2003年）发表了唯一一篇以非人类物种为主的文章。该文章主要分析了氚β粒子的RBE值对维持种群相关生殖能力丧失有关的影响。这项分析的目的是评估研究人员所称的“生态剂量权重因数”，即评估氚β粒子的“生态剂量权重因数”，以计算不同生物区系的“等效剂量”。加拿大环境与卫生部认为，X射线诱发生物效应的效果是γ辐射的两倍。因此，将X射线作为参考辐射时的RBE估计值乘以2，以将其与γ射线作为参考辐射时的RBE估计值进行比较，对于生殖能力的损害，氚β粒子的RBE估计值在1.7～3.8之间；而对遗传终点的损害，RBE估计值在1.5～2.9之间。最终得出结论，只有少

数生态相关终点 RBE 值高达 3.8，大多数 RBE 值在 2.0～3.0 的范围内。因此，用高能γ辐射作为参考辐射时，加拿大环境与卫生部（2003 年）提出的生态剂量权重因数用 3.0 来计算暴露于氚的剂量当量。

（B59）加拿大核安全委员会（CNSC，2010）发表了一篇最近的审查报告。在该出版物中，对先前发表的每一篇综述进行了详细描述，并对文献中用于估计氚β粒子 RBE 值的实验研究进行了分析。该出版物着重分析了选择一个适当的 RBE 单一值用于人类放射防护目的的可能性。

（B60）联合国原子辐射效应科学委员会（UNSCEAR）（2016）附录 C 回顾了氚的特性，包括各种物理和化学形式、生物动力学模型、剂量学以及与人体氚暴露有关的放射生物学效应。UNSCEAR 指出，几十年来，在各种实验条件下，考虑一系列生物终点，利用哺乳动物（主要是小鼠）及其细胞进行了数十次实验，以确定氚的 RBE 值。UNSCEAR 评估了约 50 项实验得出的结论：以γ辐射和 X 射线为参考辐射，动物或动物细胞中氚的 RBE 值分别为 1.0～5.0（以 2.0～2.5 为中心）和 0.4～8.0（以 1.5～2 为中心）。UNSCEAR 还指出，RBE 值有随剂量减少而增大的趋势，与从组织反应（体内和体外细胞杀伤）研究中获得 RBE 值相比，随机效应的 RBE 值一般较高（与延长的γ辐射相比，其中心在 2.5～3.0）。

B.3 氚β粒子相对生物效能的总体评估

（B61）可用研究中氚β粒子的 RBE 值都是在相关 DCRL 范围或以上的剂量率条件下获得的。计算值均＜4，大部分值＜3。鱼类的数据来自 1 至近 4，水生无脊椎动物约为 1，这些数据与观察到的哺乳动物数据一致。

B.4 参考文献

Bedford J S, Mitchell J B, Griggs H G, et al, 1975. Cell killing by gamma rays and beta particles from tritiated water and incorporated tritiated thymidine. Radiat. Res., 63: 531-543.

Bocian E, Ziemba-Zak E B, Rosiek O, et al, 1978. Chromosome aberrations in human lymphocytes exposed to tritiated water in vitro. Curr. Top. Radiat. Res. Q., 12: 168-181.

Boyer C, Vichot L, Fromm M, et al, 2009. Tritium in plants:a review of current knowledge. Environ. Exper. Bot., 67: 34-51.

Byrne B J, Lee W R, 1989. Relative biological effectiveness of tritiated water to g radiation for germ line mutations. Radiat. Res., 117: 469-479.

Carr T E F, Nolan J, 1979. Testis mass loss in the mouse induced by tritiated thymidine, tritiated water, and ^{60}Co gamma irradiation. Health Phys., 36: 135-145.

CNSC, 2010. Health Effects, Dosimetry and Radiological Protection of Tritium. INFO-0799. Canadian Nuclear Safety Commission, Ottawa.

Chopra C, Heddle J A, 1988. Cytogenetic Measurements of the Relative Biological Effectiveness of Tritium. INFO-0287. Atomic Energy Control Board, Ottawa.

Dewey W C, Humphrey R M, Jones B A, 1965. Comparisons of tritiated thymidine, tritiated water, and cobalt-60 gamma rays in inducing chromosomal aberrations. Radiat. Res., 24: 214-238.

Dobson R L, Kwan T C, 1976. The RBE of tritium radiation measured in mouse oocytes:increase at low exposure levels. Radiat. Res., 66: 615-625.

Dobson R L, Kwan T C, 1977. The tritium RBE at low-level exposure - variation with dose, dose rate, and exposure duration. Curr. Top. Radiat. Res. Q., 12: 44-62.

Environment Canada, Health Canada, 2003. Priority Substances List Assessment Report. Releases of Radionuclides from Nuclear Facilities (Impact on Non-Human Biota). PSL2. Environment Canada and Health Canada, Ottawa.

Etoh H, Hyodo-Taguchi Y, 1983. Effects of tritiated water on germ cells in medaka embryos. Radiat. Res., 93: 332-339.

Fairlie I, 2007. RBE and w_R values of Auger emitters and low-range beta emitters with particular reference to tritium. J. Radiol. Protect., 27: 157-168.

Furchner J E, 1957. Relative biological effectiveness of tritium beta-particles and Co-60 gamma-rays measured by lethality in CF1 mice. Radiat. Res., 6: 483-490.

Gragtmans N J, Myers D K, Johnson J R, et al, 1984. Occurrence of mammary tumors in rats after exposure to tritium beta rays and 200-kVp X-rays. Radiat. Res., 99: 636-650.

HPA, 2007. Review of Risks from Tritium with Particular Attention to Tritiated Water and Organic Compounds Containing Tritium. Report of AGIR Subgroup on Tritium Risks, UK Advisory Group on Ionizing Radiation. Health Protection Agency, London. Available at: http://www. hpa. org. uk/radiation/advisory_groups/agir/index. htm.

Hyodo-Taguchi Y, Etoh H, 1986. Effects of tritiated water on germ cells in medaka. II. Diminished reproductive capacity following embryo exposure. Radiat. Res., 106: 321-330.

Hyodo-Taguchi Y, Etoh H, 1993. Vertebral malformations in medaka (Teleost fish) after exposure to tritiated water in the embryonic stage. Radiat. Res., 135: 400-404.

ICRP, 1989. Age-dependent Doses to Members of the Public from Intake of Radionuclides:Part 1. ICRP Publication 56. Ann. ICRP 20 (2).

ICRP, 1993. Age-dependent Doses to Members of the Public from Intake of Radionuclides:Part 2. ICRP Publication 67. Ann. ICRP 23 (3/4).

ICRP, 1994. Human Respiratory Tract Model for Radiological Protection. ICRP Publication 66. 24 (1-3).

ICRP, 1995. Age-dependent Doses to Members of the Public from Intakes of Radionuclides:Part 4. Inhalation dose coefficients. ICRP Publication 71. Ann. ICRP 25 (3/4).

ICRP, 1996. Age-dependent Doses to Members of the Public from Intake of Radionuclides:Part 5. ICRP Publication 72. Ann. ICRP 26 (1).

ICRP, 2008. Environmental Protection-the Concept and Use of Reference Animals and Plants. ICRP Publication 108. Ann. ICRP 38 (4-6).

ICRU, 1970. Linear Energy Transfer. ICRU Report 16. International Commission on Radiation Units and Measurements, Bethesda, MA.

Ijiri K, 1989. Cell death (apoptosis) in mouse intestine after continuous irradiation with gamma rays and with beta rays from tritiated water. Radiat. Res., 118: 180-191.

Johnson J R, Myers D K, Jackson J S, et al, 1995. Relative biological effectiveness of tritium for induction of myeloid leukemia in CBA/H mice. Radiat. Res., 144: 82-89.

Kamiguchi Y, Tateno H, Mikamo K, 1990a. Types of structural chromosome aberrations and their incidences in human spermatozoa X-irradiated in vitro. Mutat. Res., 228: 133-140.

Kamiguchi Y, Tateno H, Mikamo K, 1990b. Dose-response relationship for the induction of structural chromosome aberrations in human spermatozoa after in vitro exposure to tritium beta rays. Mutat. Res., 228: 125-131.

Knowles J F, Greenwood L N, 1997. A comparison of the effects of long-term beta and gamma irradiation on the reproductive performance of a marine invertebrate Ophryotrocha diadema (Polychaeta Dorvilleidae). J. Environ. Radioact., 34: 1-7.

Kozlowski R, Bouffler S D, Haines J W, et al, 2001. In utero haemopoietic sensitivity to alpha, beta or X irradiation in CBA/H mice. Int. J. Radiat. Biol., 77: 805-815.

Lambert B E, 1969. Cytological damage produced in the mouse testes by tritiated thymidine, tritiated water and X-rays. Health Phys., 17: 547-557.

Little M P, Lambert B E, 2008. Systematic review of experimental studies of relative biological effectiveness of tritium. Radiat. Environ. Biophys., 47: 71-73.

Matsuda Y, Yamada T, Tobaria I, et al, 1983. Preliminary study on chromosomal aberrations in eggs of mice fertilized in vitro after X-irradiation. Mutat. Res., 121: 125-130.

Matsuda Y, Tobari I, Yamada T, 1985a. Studies on chromosome aberrations in the eggs of mice fertilized in vitro after irradiation. I. Chromosome aberrations induced in sperm after X-irradiation. Mutat. Res., 148: 113-117.

Matsuda Y, Tobari I, Yamada T, 1985b. Studies on chromosome aberrations in the eggs of mice fertilized in vitro after irradiation. II. Chromosome aberrations induced in mature oocytes and fertilized eggs at the pronuclear stage following X-irradiation. Mutat. Res., 151: 275-280.

Matsuda Y, Yamada T, Tobari I, 1986. Chromosomal aberrations induced by tritiated water or ^{60}Co gamma rays at early pronuclear stage in mouse eggs. Mutat. Res., 160: 87-93.

NCRP, 1979. Tritium and Other Radionuclide Labelled Organic Compounds Incorporated in Genetic Material. NCRP Report No. 63. National Council on

Radiation Protection and Measurements, Washington, DC.

Nikjoo H, Goodhead D T, 1991. Track structure analysis illustrating the prominent role of low energy electrons in radiobiological effects of low-LET radiations. Phys. Med. Biol., 36: 229-238.

Satow Y, Hori H, Lee J Y, et al, 1989a. Effect of tritiated water on female germ cells:mouse oocyte killing and RBE. Int. J. Radiat. Biol., 56: 283-299.

Satow Y, Hori H, Lee J Y, 1989b. Teratogenic effect of fission neutron and tritium water on rat embryo. J. UOEH, 11 (Suppl.): 416-431.

Seyama T, Yamamoto O, Kinomura A, et al, 1991. Carcinogenic effects of tritiated water (HTO) in mice:in comparison to those of neutrons and gamma-rays. J. Radiat. Res., 32 (Suppl. 2): 132-142.

Spalding J F, Langham W, Anderson E C, 1956. The relative biological effectiveness of tritium p-radiation with the broad bean root (Vicia faba) as a test system. Radiat. Res., 4: 221-227.

Storer J B, Harris P S, Furchner J E, et al, 1957. The relative biological effectiveness of various ionizing radiations in mammalian systems. Radiat. Res., 6: 188-288.

Straume T, Carsten A L, 1993. Tritium radiobiology and relative biological effectiveness. Health Phys., 65: 657-672.

Tanaka K, Sawada S, Kamada N, 1994. Relative biological effectiveness and dose rate effect of tritiated water on chromosomes in human lymphocytes and bone marrow cells. Mutat. Res., 323: 53-61.

Ueno A M, Furuno-Fukushi I, Matsudaira H, 1982. Induction of cell killing, micronuclei, and mutation to 6-thioguanine resistance after exposure to low-dose-rate gamma rays and tritiated water in cultured mammalian cells (L5178Y). Radiat. Res,. 91: 447-456.

UNSCEAR, 2016. Sources, Effects and Risks of Ionizing Radiation. Annex C. Biological Effects of Selected Internal Emitters - Tritium. United Nations Scientific Committee on the Effects of Atomic Radiation, New York.

Vulpis N, 1984. The induction of chromosome aberrations in human lymphocytes by in vitro irradiation with b particles from tritiated water. Radiat. Res., 97: 511-518.

Yamada T, Yukawa O, Asami K, et al, 1982. Effect of chronic HTO beta or ^{60}Co gamma radiation on preimplantation mouse development in vitro. Radiat. Res., 92: 359-369.

Zhou X Y, Dong J C, Geng X S, et al, 1986. Tritium beta ray and ^{60}Co gamma-ray caused dominant lethal mutation in mice. Chin. Med. J., 99: 420-423.

Zhou X Y, Dong J C, Zhou S Y, et al, 1989. Experimental study on relative biological effectiveness of tritium and risk estimates of genetic damage. Chin. Med. J., 102: 872-876.

附录 C　发射 α 粒子的放射性核素的相对生物效能

（C1）一个 α 粒子有两个质子和两个中子，与一个 ^{4}He 原子的原子核相同。α 粒子是一种带正电荷（+2）的粒子，能量约为 4～9 MeV，由某些放射性核素发射，以响应原子核中较低的中子/质子比。发射 α 粒子的放射性同位素包括例如 ^{241}Am、^{239}Pu 以及天然铀钍衰变系中的一些放射性核素，如 ^{238}U、^{226}Ra、^{222}Rn、^{210}Po 和 ^{232}Th。

（C2）与 γ 射线相比，α 粒子在物质中的穿透能力非常低，且当发射 α 粒子的放射性核素沉积在内部时主要造成伤害，尽管高能 α 粒子可以穿透角质层以及辐射皮肤基底层。α 放射性核素的剂量测定由于许多因素而变得复杂，包括其在器官和组织中的不均匀分布，以及 α 粒子的射程短导致的细胞局部剂量不均匀。

（C3）一般来说，辐射品质可以由在所考虑的系统中沉积能量的具有不同电荷和速度的电离粒子的注量谱来指定，这相应地决定了受影响体积内的电离数。为了说明这一点，Goodhead（1992）注意到，一束入射 γ 射线横穿过一个直径约为 8 μm 的哺乳动物细胞的细胞核时产生的二次电子轨迹会导致 60～80 次电离，产生 1 mGy 量级的吸收剂量，而横穿过同一细胞核的 α 粒子在相同体积内导致约 23 000 次电离，产生 400 mGy 量级的吸收剂量。

（C4）电离密度或 LET 的这种差异是观察到的在细胞和组织中造成有害影响的每 Gy 单位剂量效能差异的基础。一般来说，α 粒子和中子可以在比 β 或 γ 辐射低得多的平均吸收剂量下产生可观察到的损伤。

C.1　发射 α 粒子的放射性核素相对生物效能的实验研究综述

（C5）多个标准被用来评估描述 α 粒子的 RBE 相关实验的文献，包括生命阶段、终点、LET、剂量率、总剂量和参考辐射。这些被查阅的文献在所提供的详细程度上有很大差异。

（C6）大多数被查阅的文献要么报告了 RBE 值，要么提供了足够的数据，如可用于计算 RBE 值的系数α和β线性平方暴露效应模型或存活曲线（见附件 A)。报告或计算的α粒子的 RBE 值是在以 X 射线、高能γ射线或在某些情况下以高能β粒子作为参考辐射的研究中得到的。最大 RBE（RBE_m 或 RBE_M）值在有可获得的数据时被计算出来，例如，从所查阅的文献中提供的存活曲线斜率。

（C7）RBE 值在不同实验间的差异取决于若干因素，包括在物种和菌株、细胞系、基因修饰和剂量率等方面的差别。值得注意的是，许多实验研究中的给药途径是直接注射，而自然环境中的摄取则主要通过食入或吸入。

以下各节对α放射性核素和相关 LET 裂变中子的 RBE 实验研究数据进行了简要概述（表 C.1～表 C.4)。

C.1.1 产生早期死亡的相对生物效能数据

（C8）在哺乳动物中，早期死亡是由于大剂量辐射造成细胞严重耗竭，进而导致主要器官功能紊乱的结果。生物体的死亡是由于暴露于辐射所引起的特定器官损伤。仅有少量已开展的研究使用了α放射性核素来考察这一终点。一项有关但不直接相关的研究（Mays 等，1969）报告了在比格犬辐射诱发骨癌早期死亡率研究中，相比于作为参考辐射的 ^{226}Ra，RBE 值为 6（^{239}Pu)、8（^{228}Th）和 2（^{228}Ra)（表 C.1)。α放射性核素每戈瑞平均骨骼吸收剂量的毒性变化可归因于其沉积模式的不同，与诱导骨内表面附近骨癌的靶细胞位置有关。

（C9）野生动物也会罹患癌症，但在环境相关剂量下，癌症发病率对繁殖能力以及总死亡率的影响尚不清楚。总体而言，对非人类生物群来说，与生殖终点相比，罹患癌症的可能性作为非人类生物群的意义相对较小。

C.1.2 降低生殖成功率的相对生物效能数据

（C10）已有 14 份出版物被确认考虑了α粒子对生殖成功率的影响（表 C.2)。在这些研究中常用的α放射性核素有 ^{238}Pu、^{239}Pu 和 ^{210}Po，常用的参考辐射为 60～120 kVp 的 X 射线。

表 C.1 研究 α 粒子产生早期死亡率的 RBE 的文献信息汇总

研究系统	终点	参考辐射暴露（急性或慢性、剂量率、总剂量）[1)]	受测辐射暴露（LET、急性/慢性、剂量率、总剂量）[2)]	报告的 RBE 值（95%CI，标注处）	RBE_m/RBE_M	备注	参考文献
比格犬（成年犬）	骨肉瘤的平均死亡时间	^{226}Ra，内照射，急性，剂量率未知，总剂量未知	^{228}Ra α 照射，急性，剂量率未知，5.6～6.5 Gy（注射 1 年后）	2.5	N.E.	RBE 使用注射后 8 年的骨肉瘤死亡数据计算	Mays 等（1969）
比格犬（成年犬）	骨肉瘤的平均死亡时间	^{226}Ra，内照射，急性，剂量率未知，总剂量未知	^{239}Pu α 照射，急性，剂量率未知，1.4～15.0 Gy（注射 1 年后）	6.0	N.E.	RBE 使用注射后 8 年的骨肉瘤死亡数据计算	Mays 等（1969）
比格犬（成年犬）	骨肉瘤的平均死亡时间	^{226}Ra，内照射，急性，剂量率未知，总剂量未知	^{227}Th α 照射，急性，剂量率未知，4.8～19.0 Gy（注射 1 年后）	8.0	N.E.	RBE 使用注射后 8 年的骨肉瘤死亡数据计算	Mays 等（1969）

注：N.E.，未估算（因信息缺失未能估算 RBE_m 值）；i.v.，静脉注射。

1）若非特殊注明，为外照射；2）若非特殊注明，为内照射。

表 C.2　研究 α 粒子降低繁殖成功率的 RBE 的文献信息汇总

研究系统	终点	参考辐射暴露（急性或慢性、剂量率、总剂量）1)	受测辐射暴露（LET、急性/慢性、剂量率、总剂量）2)	报道的 RBE 值（95%CI，标注处）	RBE_m/RBE_M	备注	参考文献
C3H 10T1/2（小成纤维细胞细胞系），中国仓鼠成纤维细胞；大鼠	各种终点，包括细胞生殖死亡	^{137}Cs，γ和 300 kVp X 射线，剂量率未知，总剂量未知	^{239}Pu α，剂量率未知，总剂量未知［实验细节见 Ullrich（1984）和 Lundgren 等（1987）的报道］	5（对于 DNA 尺寸的靶标），4（对于核小体尺寸的靶标），＞100（对于染色体尺寸靶标，慢质子和 α 粒子）	N.E.	利用蒙特卡洛轨道结构计算方法，通过计算机模拟计算 α 粒子的 RBE；用 1.0 MeV 中子体外照射来自中国仓鼠的细胞，剂量率分别为 3.0 和 1.0	Barendsen（1989）
小鼠［成年雌鼠 F1（C3H/HeHx101/H）］	存活到不育的雌性后代的总数	^{60}Co，γ，慢性，0.10～0.20 Gy/d，总剂量未知	^{239}Pu α（130 keV/μm），急性，7.5～13.5 mGy/d（第三窝之后）到 8.9～24.4 mGy/d［(1.85～3.7)×10^5 Bq/kg］	2.5	N.E.	关于 α 剂量均匀分布的假设存疑	Searle 等（1980）
小鼠（幼龄雄性，Swiss-Webster）	精子头存活	120 kVp X 射线，急性，剂量率未知，总剂量未知	^{212}Pb α 及其衰变产物（100 keV/μm），外照射，急性，剂量率未知，0.14 或 0.48 Gy	4.7±0.5	N.E.	RBE 为 0.14 Gy(在 0.48 Gy，RBE=4.1±0.5)；^{212}Pb 和 ^{212}Bi 产生包含光子，β 粒子和 α 粒子混合辐照场	Howell 等（1994）
小鼠（幼龄雄性，Swiss-Webster）	精子头存活	120 kVp X 射线，急性，剂量率未知，总剂量未知，D_{37}=0.67±0.03 Gy，（来源于 Rao 等，1988）	^{223}Ra α（50 keV/μm），急性，剂量率未知，总剂量未知，D_{37}=0.124±0.020 Gy	5.4±0.9	N.E.	10%存活率的 RBE	Howell 等（1997）
小鼠（幼龄小鼠，Swiss-Webster）	精原细胞存活	60～120 kVp X 射线，暴露类型未知，剂量率未知，总剂量未知	^{210}Po 柠檬酸盐 α（5.3 MeV），急性，剂量率未知，总剂量未知	6.7	N.E.	37%存活率的 RBE	Rao 等（1989）

续表

研究系统	终点	参考辐射暴露（急性或慢性、剂量率、总剂量）1)	受测辐射暴露（LET、急性/慢性、剂量率、总剂量）2)	报道的RBE值（95%CI，标注处）	RBE_m/RBE_M	备注	参考文献
小鼠（幼龄雄性，Swiss-Webster）	精子头存活	120～kVp X射线，急性，剂量率未知，总剂量未知，D_{37}=0.67±0.03 Gy，（来源于 Rao等，1988）	^{148}Gd α（50 keV/μm），急性，剂量率未知，总剂量未知，D_{37}=0.009±0.029 Gy	7.4±2.4	N.E.	37%存活率的RBE	Howell等（1997）
小鼠（幼龄小鼠，哈佛 Swiss-Webster）	卵母细胞存活	^{60}Co，γ，暴露类型未知，剂量率未知，40～143 mGy	^{210}Po α（5.3 MeV，135 keV/μm），急性，剂量率未知，0.1～106.4 mGy	7.8	N.E.	报道RBE的存活率为5.3%；报道的最高RBE（377）至少为先前报道的4倍，这是由于低剂量下的 ^{210}Po 剂量测定（假设均匀分布）的统计误差造成的；低剂量（0.1～2.7 mGy）的数据合理地证实了RBE为50～100；对介于10.6～106.4 mGy的剂量，RBE和剂量之间无关联（RBE为1.6、7.5、1.4和4.8的存活率分别为48.5%、45.0%、18.0%和2.7%）	Samuels（1966）
小鼠（幼龄小鼠，Swiss-Webster）	精原细胞存活	60～120 kVp X射线，暴露类型未知，剂量率未知，总剂量未知	^{125}I 俄歇电子（100 keV/μm），急性，剂量率未知，总剂量未知	7.9	N.E.	37%存活率的RBE	Rao等（1989）

续表

研究系统	终点	参考辐射暴露（急性或慢性、剂量率、总剂量）1)	受测辐射暴露（LET、急性/慢性、剂量率、总剂量）2)	报道的 RBE 值（95%CI，标注处）	RBE_m/RBE_M	备注	参考文献
小鼠［幼龄雄性（C57BL/6 J x BALB/cJ）F1 B.16CF］	睾丸质量	^{60}Co，γ，急性，慢性，0.03～0.06 Gy/d，0.6～10.5 Gy	^{239}Pu α（5.15 MeV，130 keV/μm），慢性，0.75～1.50 mGy/d［(1.85～3.7)×10^5 Bq/kg］，总剂量未知	9.5±4.0	N.E.	RBE 使用“每 rad 效应”系数计算，该系数是根据加权最小二乘线性回归计算得出的；RBE 值可能高出 3 倍或者更多，因为剂量是根据研究开始时睾丸质量计算的，而结果显示睾丸质量在下降；^{239}Pu 的分布假定在性腺内是均匀的	Grahn 等（1979）
小鼠［幼龄雄性（C57BL/6 J x BALB/cJ）F1 B.16CF］	显性致死突变	^{60}Co，γ，急性，慢性，0.03～0.06 Gy/d，0.6～10.5 Gy	^{239}Pu α（5.15 MeV，130 keV/μm），慢性，0.75～1.50 mGy/d［(1.85～3.7)×10^5 Bq/kg］，总剂量未知	13.0±3.0	N.E.	RBE 使用“每 rad 效应”系数计算，该系数是根据加权最小二乘线性回归计算得出的；RBE 值可能高出 3 倍或者更多，因为剂量是根据研究开始时睾丸质量计算的，结果显示睾丸质量在下降；^{239}Pu 的分布假定在性腺内是均匀的	Grahn 等（1979）
小鼠［幼龄雄性（C57BL/6 J x BALB/cJ）F1 B.16CF］	畸形精子	^{60}Co，γ，急性，慢性，0.03～0.06 Gy/d，0.6～10.5 Gy	^{239}Pu α（5.15 MeV，130 keV/μm），慢性，0.75～1.50 mGy/d［(1.85～3.7)×10^5 Bq/kg］，总剂量未知	25.0±8.0	N.E.	RBE 使用“每 rad 效应”系数计算，该系数是根据加权最小二乘线性回归计算得出的；RBE 值可能高出 3 倍或者更多，因为剂量是根据研究开始时睾丸质量计算的，结果显示睾丸质量在下降；^{239}Pu 的分布假定在性腺内是均匀的	Grahn 等（1979）

续表

研究系统	终点	参考辐射暴露（急性或慢性、剂量率、总剂量）1)	受测辐射暴露（LET、急性/慢性、剂量率、总剂量）2)	报道的 RBE 值（95%CI，标注处）	RBE_m/RBE_M	备注	参考文献
小鼠［幼龄雄性（C57BL/6 J x BALB/cJ）F1 B.16CF］	早期减数分裂中的染色单体片段	^{60}Co，γ，急性，慢性，0.03～0.06 Gy/d，0.6～10.5 Gy	^{239}Pu α（5.15 MeV，130 keV/μm），慢性，0.75～1.50 mGy/d［(1.85～3.7)×10^5 Bq/kg］，总剂量未知	33.0±5.0	N.E.	RBE 使用“每 rad 效应”系数计算，该系数是根据加权最小二乘线性回归计算得出的；RBE 值可能高出 3 倍或者更多，因为剂量是根据研究开始时睾丸质量计算的，结果显示睾丸质量在下降；^{239}Pu 的分布假定在性腺内是均匀的	Grahn 等（1979）
鱼（斑马鱼，Danio rerio）	产卵	^{137}Cs，γ，慢性，剂量率分别约为 7.2，24.0 和 177.6 mGy/d，总剂量未知	^{210}Po α（5.4 MeV），慢性［估计每餐 ^{210}Po 活性(每周两次)分别为 7、20、155 和 620 Bq/g］，0.2～17.7 mGy/d，总剂量未知	＜35.0	N.E.	RBE α＝产生效应（停止产卵）的γ剂量率/引起相同的效应的α辐射的剂量率；此 RBE 值（＜35）表示上限；使用来自γ辐照的数据（3 个剂量率），α粒子的RBE范围从＜20到＜7，作者指出这可能代表更接近的估计值	Knowles（2001）
小鼠（成年雄性，Swiss-Webster）	精子头异常	120 kVp X 射线，急性，剂量率未知，总剂量未知（实验细节来源于 Rao 等，1988）	^{210}Po-柠檬酸盐 α，急性，右睾丸注射 2 980 Gy/MBq，剂量率未知，总剂量未知	245±23	N.E.	RBE 是根据诱导异常的剂量-反应曲线的初始斜率计算得出；作者假设 Po 分布均匀	Rao 等（1991）

注：1）若非特殊注明，为外照射；2）若非特殊注明，为内照射。

（C11）根据物种的不同，大范围的 RBE 值和 RBE 最大值被报道，基于与生殖成功率降低有关的终点，包括存活后代数量、精子头部存活率和睾丸重量。尽管一些文献报道α粒子的 RBE 值>10（见 C.2 部分），但大部分在1～10 范围内。大部分 RBE 数据是采用暴露于高剂量或剂量率的啮齿动物或啮齿动物细胞获得的。

C.1.3 造成发病效应的相对生物效能数据

（C12）根据第 108 号出版物（ICRP，2008），动植物中所有形式的疾病都会导致其适应性降低。这会影响这一物种的寿命和繁殖能力。关于大型哺乳动物的数据很少，且大多数实验在隔离实验生态系中进行的。

（C13）用于照射细胞系、组织或细胞培养物的α放射性核素通常是 ^{238}Pu、^{238}Pu 和 ^{210}Po。这个终点的研究常用参考辐射是 250 kVp 的 X 射线。

（C14）有 35 份出版物报道了α粒子对各种发病效应尤其是细胞存活率的 RBE 值（表 C.3）。尽可能根据提供的低剂量区存活曲线斜率计算 RBE 值和 RBE 最大值。根据考虑的物种的不同，大范围的 RBE 值和 RBE 最大值最报道。大部分计算的 RBE 值<5，且对于细胞存活几乎所有提供的 RBE 值均<10。

C.1.4 产生染色体损伤和突变的相对生物效能数据

（C15）33 份出版物论述了暴露于α放射性核素引起的染色体损伤和突变（表 C.4）。常用于辐照细胞系、组织或细胞培养物的α放射性核素有 ^{238}Pu、^{239}Pu、^{241}Am 和 ^{226}Ra。这些研究中常用的参考辐射为 ^{60}Co γ射线和 80～300 kVp X 射线。

（C16）大部分查阅的分析染色体损伤及突变的文献都报道了 RBE 值或提供了足够的数据来拟合剂量-效应函数从而计算其 RBE 值。大部分 RBE 数据是采用暴露于高剂量或剂量率的啮齿动物或啮齿动物细胞获得的。仅有少量文献报道的α粒子的 RBE 值>20，但大部分在 1～10 范围内。

（C17）大多数与α放射性核素导致的染色体损伤及突变效应相关的研究使用体外培养的仓鼠细胞及活体小鼠开展。值得注意的是，虽然这些数据表明α辐射的生物效能与参考辐射相比有所提高，但这些数据的定量使用仍存在局限性。此外，实验室中可观察到的细胞水平的染色体损伤和突变效应与非人类物种环境族群可观测水平影响效应的关系即使存在也仍有待确定。

表 C.3　研究 α 粒子产生发病效应的 RBE 的文献信息汇总

研究系统	终点	参考辐射暴露（急性或慢性、剂量率、总剂量）1)	受测辐射暴露（LET、急性/慢性、剂量率、总剂量）2)	报道的 RBE 值（95%CI，标注处）	RBE_m/RBE_M	备注	参考文献
小鼠（成年雌性 LAF1）	淋巴瘤细胞存活	230 kV X 射线，急性，2 880～3 168 Gy/d，总剂量未知	氦离子 α（910 MeV，17 keV/μm；85 MeV，180 keV/μm；118 MeV，80 keV/μm；32 MeV，220 keV/μm），慢性，7 200～43 200 Gy/d，总剂量未知	0.95～1.90	N.E.	报道的 RBE 值来自缺氧条件。对于高氧条件，RBE 为 1.04～1.20。RBE 是通过用 X 射线的平均致死剂量除以氦离子的平均致死剂量计算得到的	Feola 等（1969）
V79（中国仓鼠细胞系）	细胞存活	250 kVp X 射线，急性，1 152 Gy/d，总剂量未知	^{238}Pu α（3.5 MeV，110 keV/μm），急性，76 896 Gy/d，总剂量未知	1.38～3.80	RBE_m = 1.7～6.5（根据存活曲线）	报道了 10%存活率下的 RBE 值；1%存活率下 RBE = 1.3～3.2	Zyuzikov 等（2001）
大鼠气管上皮细胞	细胞存活	250 kVp X 射线，急性，暴露类型未知，432 Gy/d，0.5～9.0 Gy	^{238}Pu α（5.5 MeV，137 keV/μm），暴露类型未知，2 290 Gy/d，0.5～5.0 Gy	1.5～4.0	RBE_m = 2.8（根据存活曲线）		Thomassen 等（1990）
C-18（中国仓鼠卵巢细胞系）	细胞存活	250 kVp X 射线，急性，8.6、18.8 和 19.2 Gy/d，1.15～8.83 Gy	^{212}Bi（3.2 MeV，113 keV/μm），^{222}Rn（3.8 MeV，103 keV/μm），^{238}Pu（3.5 MeV，110 keV/μm），暴露类型未知，3～3 000 Gy/d（^{212}Bi），0.7～12.2 Gy/d（^{222}Rn），2 851 Gy/d（^{238}Pu），总剂量未知	1.7～3.2（37%存活），2.2～3.8（1%存活）	氡 RBE_m = 5（根据存活曲线）	在 ^{222}Rn 和 ^{212}Bi 暴露下，1%存活率时的受照剂量相似（2.95～3.01 Gy），^{238}Pu 暴露的剂量为 2.45 Gy；1%存活率下更高的 RBE 值可能是由于 α 粒子的非线性存活曲线	Schwartz 等（1992）

续表

研究系统	终点	参考辐射暴露（急性或慢性、剂量率、总剂量）1)	受测辐射暴露（LET、急性/慢性、剂量率、总剂量）2)	报道的 RBE 值（95%CI，标注处）	RBE_m/RBE_M	备注	参考文献
酵母（酿酒酵母菌株）	集落形成能力和细胞修复能力	^{60}Co，γ，暴露类型未知，14 400 Gy/d，35～60 Gy（详细暴露信息见 Petin，1979）	^{239}Pu α（134 keV/μm），暴露类型未知，24 480 Gy/d，17～32 Gy（详细暴露信息见 Petin，1979）	1.9～5.1	N.E.	报道的 RBE 是二倍体菌株的（37%存活率）；对于单倍体菌株，RBE＝1.6～3.2（7%存活率）；每个存活曲线上的实验点的标准误差约为 2%	Petin 和 Kabakova（1981）
V79-379A（中国仓鼠细胞系）	细胞存活	250 kVp X 射线，急性，2 592 Gy/d，50 Gy	中子（2.3 MeV），急性，1 080 Gy/d，1.7 和 5.6 Gy（源自图表）	2.3	RBE_m＝5.8	报道的 RBE 值根据 1%存活率计算	Prise 等（1987）
大鼠气管上皮细胞	细胞转化	250 kVp X 射线，暴露类型未知，432 Gy/d，0.5～9.0 Gy	^{238}Pu α（5.5 MeV，137 keV/μm），暴露类型未知，2 290 Gy/d，0.5～5.0 Gy	2.4			Thomassen 等（1990）
V79-379A（中国仓鼠细胞系）	细胞存活	250 kVp X 射线，急性，2 592 Gy/d，50 Gy	^{238}Pu α（3 MeV，125 keV/μm），急性，1 080 Gy/d，1.7 和 5.6 Gy（源自图表）	2.6	RBE_m＝7.5（来自存活曲线二次拟合）	报道的 RBE 值根据 1%存活率计算	Prise 等（1987）
大鼠（成年雄性，白化 CD 品系）	毛囊存活和损伤	电子（0.32 MeV），急性，剂量率未知，8.1～123 Gy	被回旋加速器加速的 α 粒子（37 MeV，34 keV/μm），急性，7 488 Gy/d，2.1～68.5 Gy	2.6±0.4	N.E.	毛囊损伤的 RBE（毛囊存活，RBE＝2.1±0.7）	Burns 等（1968）
大鼠（成年雄性，白化 CD 品系）	肿瘤诱发	电子（0.32 MeV），急性，剂量率未知，8.1～123 Gy	被回旋加速器加速的 α 粒子（37 MeV，34 keV/μm），急性，7 488 Gy/d，2.1～68.5 Gy	2.9±0.5	N.E.		Burns 等（1968）

续表

研究系统	终点	参考辐射暴露（急性或慢性、剂量率、总剂量）1)	受测辐射暴露（LET、急性/慢性、剂量率、总剂量）2)	报道的 RBE 值（95%CI，标注处）	RBE_m/RBE_M	备注	参考文献
大鼠（成年雄性，白化 CD 品系）	急性皮肤损伤	电子（0.32 MeV），急性，剂量率未知，8.1～123 Gy	被回旋加速器加速的 α 粒子（37 MeV，34 keV/μm），急性，7 488 Gy/d，2.1～68.5 Gy	3.0±1.0	N.E.		Burns 等（1968）
C3H 10T1/2（小鼠成纤维细胞系）	致瘤性转化	^{60}Co，γ，慢性，720 Gy/d，总剂量未知	^{241}Am α（2.7 MeV，147 keV/μm），慢性，288 和 1 195～3 600 Gy/d，总剂量未知	3.0	$RBE_m=12$	伽马数据不是该项研究的主要目标，而且存在较大的不确定性；因此，这些数据没有用于数值拟合	Hieber 等（1987）
GHE（原代金仓鼠胚胎细胞系）	细胞存活和细胞转变	^{60}Co，γ，急性，1 584 Gy/d，约 0～8 Gy（根据存活曲线）	^{14}N（530 keV/μm），^{4}He（36 keV/μm），^{4}He（77 keV/μm），1 000～1 440 Gy/d（^{14}N），1 440～3 744 Gy/d（^{4}He），约 0～4 Gy（来自存活曲线）	3.3	$RBE_m=4.6$（来自存活曲线）	报道的是 37%存活率的 RBE 值；发生形态转变的 RBE 分别约为对 ^{14}N 3.3，对 ^{4}He（36 keV/μm）2.4，对 ^{4}He（77 keV/μm）3.3	Suzuki 等（1989）
3T3（小鼠胚胎成纤维细胞系）	细胞存活	250 kVp X 射线，急性，1 152 Gy/d，0～6.0 Gy（源自图表）	^{238}Pu α（5.3 MeV，148 keV/μm），急性，345.6 Gy/d，0～2.5 Gy（源自图表）	3.5	$RBE_m=6.2$（来自存活曲线），$RBE_m=3.0$（转化）	报道的是 50%存活率的 RBE 值；在允许发生恢复条件下，α 粒子的有效 RBE 据此将增加到 5	Roberston 等（1983）
V79-379A（中国仓鼠肺成纤维细胞系）	细胞存活	300 kVp X 射线，急性，720 Gy/d，4 Gy	^{239}Pu α（平均 118、179 和 201 keV/μm），急性，12 960、19 008 和 73 440 Gy/d，0.21、0.28 和 0.38 Gy	4.0	$RBE_m=13$（基于所提供的数据）	报道的是 10%存活率的 RBE 值；（1%存活率下 RBE=3.7）随着 LET 增加，α 粒子灭活 V79 细胞的效能逐渐增加，直到测试到最高 LET 时，效能再次下降	Manti 等（1997）

续表

研究系统	终点	参考辐射暴露（急性或慢性、剂量率、总剂量）1)	受测辐射暴露（LET、急性/慢性、剂量率、总剂量）2)	报道的 RBE 值（95%CI，标注处）	RBE_m/RBE_M	备注	参考文献
Co631（中国仓鼠胚胎细胞系）	细胞存活	^{60}Co，γ，急性，1 584 Gy/d，7.9 Gy	^{241}Am α（120 keV/μm），急性，504 Gy/d，D_{37}=0.85 Gy，D_{10}=0.85 Gy	4.2	RBE_m=9.3（37%存活率）	报道 10%存活率的 RBE 值	Lücke-Huhle 等（1986）
人皮肤成纤维细胞（原代成纤维细胞和 AT2BE 细胞系）	存活	^{60}Co，γ，急性，2 160 Gy/d，0.27～3.0 Gy	^{241}Am α（4 MeV，120 keV/μm），急性，504 Gy/d，0.27～3.0 Gy	5.0	RBE_m=5.6（原代成纤维细胞）	报道的 RBE 值在原代成纤维细胞存活率为 10%时计算得到；AT2BE 细胞系存活率为 10%时计算的 RBE 为 1.9	Coquerelle 等（1987）
GM 10（人二倍体胚胎皮肤成纤维细胞系）	细胞存活	250 kVp X 射线，急性，2 880 Gy/d，1.3 Gy	^{238}Pu α（2.9 MeV，100 keV/μm），急性，5 184 Gy/d，2.5 Gy	5.2	N.E.	37%存活率的 RBE；利用 α 射线照射后的存活曲线数据和 X 射线的 D_0 值计算 RBE；由于 α 源的几何形状，只有培皿中央部分的细胞被均匀照射	Chen 等（1984）
V79-4（中国仓鼠细胞系）	细胞存活	^{60}Co，γ，急性，5 472 Gy/d，总剂量未知	^{238}Pu α（120 keV/μm），急性，34 560 Gy/d，总剂量未知	5.3	RBE_m=12	报道 10%存活率下的 RBE 值（1%存活率下 RBE=4.0）；该文献提供了存活曲线的斜率，但难以推导	Jenner 等（1993）

续表

研究系统	终点	参考辐射暴露（急性或慢性、剂量率、总剂量）1)	受测辐射暴露（LET、急性/慢性、剂量率、总剂量）2)	报道的 RBE 值（95%CI，标注处）	RBE_m/RBE_M	备注	参考文献
V79-4（中国仓鼠细胞系）	细胞存活	250 kVp X 射线，急性，1 094 Gy/d，6.0 Gy	^{238}Pu α 射线（100 keV/μm）；使用两种独立的方法，剂量率约为 10.8 rad/18.6 s，总剂量范围 0～2.8 Gy（估值）	5.8	RBE_m＝12.8（通过存活曲线得出）	报道 70%存活率时的 RBE；当存活率为 37%和 10%时；相应的 RBE＝4.8 和 3.5；存活率不是相对于未照射的对照组计算的，而是相对于每个培养皿重铺的细胞数量计算的	Thacker 等（1982）
C3H 10T1/2（小鼠成纤维细胞系）	细胞存活	^{60}Co γ射线，急性，720 Gy/d，总剂量未知	^{241}Am α（2.7 MeV，147 keV/μm），慢性，288 Gy/d 和 1 195～3 600 Gy/d，总剂量未知	6.2	RBE_m＝12	报道 10%存活率时的 RBE（RBE＝4.0 存活率为 50%）；γ射线数据不是这项研究的主要目标，而且存在较大的不确定性；因此，这些数据没有用于数值拟合	Hieber 等（1987）
C3H 10T1/2（小鼠成纤维细胞系）	细胞存活	250 kVp X 射线，急性，18 Gy/d，0～8.5 Gy（源自图表）	质子、^{2}H 和 ^{3}He 离子（10～120 keV/μm），总剂量未知，0.2～6.0 Gy	未有具体的 RBE 值	在两个最高的 LET 时 RBE_m＝6.3 和 7.2	RBE 由根据不同 LET 下给出的存活曲线斜率确定	Hei 等（1988）
气管细胞（成年雄性 Fischer F344 大鼠）	细胞存活	300 kVp X 射线，急性，剂量率未知（2.58～5.16×10^{-4} C/kg air s^{-1}），0.45～6.55 Gy	^{210}Po α（135 keV/μm），急性，剂量率未知，0.25～1.25 Gy	6.35	RBE_m≈16（基于存活曲线）	报道 37%存活率时的 RBE 值	Ford 和 Terzaghi-Howe（1993）

续表

研究系统	终点	参考辐射暴露（急性或慢性、剂量率、总剂量）1)	受测辐射暴露（LET、急性/慢性、剂量率、总剂量）2)	报道的 RBE 值（95%CI，标注处）	RBE_m/RBE_M	备注	参考文献
SHE（金叙利亚仓鼠胚胎细胞系）	细胞存活	250 kVp X 射线，急性，1 440 Gy/d，15 Gy	^{4}He α（90～200 keV/μm），急性，73～1 440 Gy/d，总剂量未知［实验细节见 Miller 等（1990）］	RBE（LET 单位 keV/μm） 4.8（90）， 5.0（100）， 7.0（120）， 5.4（150）， 3.8（180）， 3.6（200）	RBE_m（LET 单位 keV/μm） 9（90）， 10（100）， 12（120）， 10（150）， 8（180）， 7（200）	导致形态学改变的 RBE_m 在 3～60 的范围内，LET 值为 90 和 100 keV/μm 最有效，对应的 RBE_m 值分别为 60 和 37；然而当 LET 值为 90 keV/μm 时 RBE 的标准差为 $^{+45}_{-30}$（统计数据差）	Martin 等（1995）
C3H 10T1/2（小鼠成纤维细胞系）	细胞存活	^{60}Co γ射线，急性，慢性，43 200 Gy/d，0.9～8.0 Gy	^{238}Pu α（124 keV/μm），急性，慢性，576～2 448 Gy/d（高剂量率），平均致死剂量 0.6 Gy	7.9	RBE_m = 8.9（基于存活曲线）	在高剂量率时，报道的 RBE 值为 80%存活率的值（RBE = 6.2 和 4.6 对应的存活率分别为 37%和 5%）	Roberts 和 Goodhead（1987）
气管上皮细胞（雄性 Sprague-Dawley 大鼠）	细胞存活	^{60}Co，γ射线，急性，864 Gy/d，1.0～5.0 Gy	^{241}Am α，急性，280.8 Gy/d，0.5～6.0 Gy	≈10	RBE_M = 10（基于曲线的初始线性斜率）	报道的 RBE 剂量最高为 0.5 Gy；高于 0.5 Gy 时，RBE 逐步下降，当剂量为 1 Gy 时 RBE 为 5.1，5 Gy 时为 1.1；无 LET 报道	Kugel 等（2002）

续表

研究系统	终点	参考辐射暴露（急性或慢性、剂量率、总剂量）1)	受测辐射暴露（LET、急性/慢性、剂量率、总剂量）2)	报道的 RBE 值（95%CI，标注处）	RBE_m/RBE_M	备注	参考文献
大鼠（幼龄雌性NMRI）	骨肉瘤形成	^{177}Lu（半衰期短的β衰变核素）和^{90}Sr（长寿命的β衰变核素），内照射，慢性，0.36～12.8 Gy/d（^{177}Lu）和0.19～0.93 Gy/d（^{90}Sr），0.9 和 20 Gy（β放射源的总骨骼剂量）	^{224}Ra、^{226}Ra、α，慢性，0.9～432 cGy/d（^{224}Ra），3～15 cGy/d（^{226}Ra），总剂量未知	10（以β照射剂量为参考辐射）	N.E.	使用长寿命的α和β放射源（^{226}Ra和^{90}Sr）进行的参考实验表明，每Gy的骨肉瘤发病率可能低于采用短寿命放射性核素施加相同骨骼剂量时的发病率	Muller 等（1983）
大鼠（成年雌性Wistar）	肺癌罹患率	220 kVp X 射线，急性，144～864 Gy/d，0.5～10 Gy	$^{239}PuO_2$气溶胶（42.5 keV/μm），急性，剂量率未知，0.5～10.0 Gy	10.7	RBE_M = 11.3（基于曲线斜率）	释放α粒子的$^{239}PuO_2$造成大鼠肺部肿瘤病变的概率比对胸部进行 X 射线照射约增加了两倍	Oghiso 和 Yamada（2003）
C3H 10T1/2（小鼠成纤维细胞系）	细胞存活和致癌性转化	250 kVp X 射线，暴露类型未知，剂量率未知，总剂量未知（实验细节见 Miller 等 1989，1990）	^{3}He（75 keV/μm），^{4}He（90～200 keV/μm），急性，剂量率未知，6 Gy（氘核），3 Gy（质子）	无具体的 RBE 值报道	当参考辐射为 20 时（120 keV/μm），致癌性转化的 RBE_m 峰值约为 20	作者认为C3H 10T1/2细胞系和叙利亚仓鼠胚胎细胞系（Martin 等，1995）RBE_m值不同可能是由于体系不同造成的	Miller 等（1995）
比格犬和小鼠（雌性 CF1）	骨肉瘤形成	^{90}Sr β，内照射，急性，剂量率未知，0～101 Gy（比格犬），0～120 Gy（小鼠）3)	^{226}Ra α，急性，剂量率未知，0～134 Gy（比格犬），0～289 Gy（小鼠）	对比格犬，RBE=26（8.7%的发病率）和 RBE=5（66.7%的发病率），对小鼠，RBE=25（7.7%的发病率）和 RBE=1（86.4%的发病率）	RBE_M = 800（比格犬 8.7%的发病率），RBE_M = 230（小鼠 7.7%的发病率）	RBE 是在给定骨肉瘤发病率水平的^{90}Sr剂量与^{226}Ra剂量比值下计算的，一部分RBE值直接来自于数据而另一部分来自于图表中的内推值；RBE 随着剂量的降低而逐渐升高	Mays 和 Finkel（1980）

续表

研究系统	终点	参考辐射暴露（急性或慢性、剂量率、总剂量）[1)]	受测辐射暴露（LET、急性/慢性、剂量率、总剂量）[2)]	报道的 RBE 值（95%CI，标注处）	RBE_m/RBE_M	备注	参考文献
小鼠（宫内，从受孕到出生；后代直到 8 周龄）	造血组织的长期影响	^{60}Co，γ，急性，剂量率未知，总剂量未知	^{238}Pu α，急性，剂量率未知，对胎儿肝脏的剂量为 8.7、12.9 和 41.3 mGy	150	N.E.	相对较高的 RBE 值可能是由于 α 粒子剂量测定的不均匀性或 γ 辐射在低剂量下引发生物效应的无效性导致的	Lord 和 Mason（1996）
小鼠［幼龄，BDF1（C57B1×DBA2)］	在肝脏中脾群落形成单位	^{60}Co，γ，急性，慢性，864 Gy/d，总剂量未知	^{239}Pu α，急性，静脉注射 30 Bq/g，剂量率未知，总剂量未知	250～360	N.E.	RBE 值来自于慢性照射（α和γ）；有重复实验得出 RBE 值为150；对于急性 γ 照射，RBE=130～180；假设分布均匀；如果假设 ^{239}Pu 在肝脏中不均匀分布，RBE 会更低	Jiang 等（1994）
多种模式生物，包括猪、小鼠、大鼠以及几种未阐明的物种；大鼠用于确定 α 粒子的 RBE 值	组织完整性和功能受损；特别是造成脊髓损伤的 α 粒子 RBE 值	X 射线或γ射线，参考剂量值仅列有低 LET 辐射，外照射，0.5～20 Gy X 射线	中子能量范围在 1～50 MeV，重离子包括 C、Ne 和 Ar 离子，以及高能量的 α 粒子；未提供具体的信息	对于高能量的 α 粒子，造成大鼠脊髓损伤的 RBE 在 1.0～1.5 范围	RBE_m=4～12（1～5 MeV 中子），3～8（5～50 MeV 中子），2～5（重离子：C、Ne 和 Ar）	该文献根据以往涉及不同动物、暴露方法和终点的文献报道结果，对 RBE 和质量因数进行了归纳；α 粒子的 RBE 仅给出一个范围	Barendsen（1992）
小鼠（B6D2F1 或 BDF1）	造血组织	^{60}Co，γ，慢性，50、100 和 150 mGy/d，0.3 Gy	^{239}Pu α，急性，剂量率未知，0.2～0.28（剂量当量）	文中未计算	难以估算 RBE_m（未提供存活曲线）	来自于钚的 α 剂量是通过假设剂量等效质量因数为 20（成年）计算的；然而，该因数在对胎儿的影响中可能不具有代表性	Mason 等（1992）

续表

研究系统	终点	参考辐射暴露（急性或慢性、剂量率、总剂量）1)	受测辐射暴露（LET、急性/慢性、剂量率、总剂量）2)	报道的 RBE 值（95%CI，标注处）	RBE_m/RBE_M	备注	参考文献
V79（中国仓鼠细胞系），HeLa（人类细胞系）和 C3H 10T1/2（小鼠成纤维细胞系）	细胞存活	α粒子（30 和 35 MeV，20 和 23 keV/μm），慢性，115 200～158 400 Gy/d，5.04～6.24 cGy	质子（1.2 和 1.4 MeV，20 和 23 keV/μm），外照射，慢性，158 400～230 400 Gy/d，7.26～8.06 cGy	20.3 keV/μm LET 在低剂量下的比值 B：1.69±0.42（V79）；1.26±0.36（HeLa）；0.94±0.27（HeLa S3）；0.91±0.18（C3H 10T1/2）；对于 20.3 keV/μm LET：1.43±0.37（V79）；1.31±0.27（HeLa）；1.28±0.15（HeLa S3）；0.91±0.18（C3H 10T1/2）	N.E.	在低剂量时，质子在 V79 和 HeLa 细胞中比相同 LET 的α粒子更有效；质子对 C3H 10T1/2 细胞与相同 LET 的α粒子相比没有显示出更高的效果	Goodhead 等（1992）

注：1）若非特殊注明，为外照射；2）若非特殊注明，为内照射；3）死亡一年前的平均骨骼剂量。

表 C.4　产生染色体损伤和突变的α粒子 RBE 的文献信息汇总

研究系统	终点	参考辐射暴露（急性或慢性、剂量率、总剂量）1)	受测辐射暴露（LET、急性/慢性、剂量率、总剂量）2)	报道的 RBE 值（95%CI，标注处）	RBE_m/RBE_M	备注	参考文献
V79-4（中国仓鼠细胞系）	DNA 损伤（dsb）	250 kV X 射线，急性，5 472 Gy/d，40～150 Gy	α（20～23 keV/μm），急性，115、200～230、400 Gy/d，40～150 Gy	0.68～1.68	所有辐照的曲线均呈线性关系	RBE 值因分析 DNA 损伤的方法（沉淀法或沉降法）而异；RBE 可通过初始的双链断裂（dsb）与剂量对应曲线的斜率［1/（Dalton× Gy）］来计算	Jenner 等（1992）
V79-4（中国仓鼠细胞系）	DNA 损伤（dsb）	250 kV X 射线，急性，5 472 Gy/d，40～150 Gy	质子（20～23 keV/μm），急性，115、200～230、400 Gy/d，40～150 Gy	0.74～1.0	所有辐照的曲线均呈线性关系	RBE 值因分析 DNA 损伤的方法（沉淀法或沉降法）而异；RBE 可通过初始 dsb 与剂量对应曲线的斜率［1/（Dalton× Gy）］来计算	Jenner 等（1992）
CHO-K1（中国仓鼠卵巢细胞系）	突变率和原发性 DNA 损伤	^{60}Co γ，未知照射类型，未知剂量率，未知总剂量	^{239}Pu α（4.3 MeV，417 keV/μm），4.08 Gy/d，0.7 Gy	1.0～6.0	N.E.3)	RBE 取决于其来源和终点；报道的 RBE 值实际上是相对频率；未解释这些值是如何计算的	Fisher 等（1985）
V79-379A（中国仓鼠细胞系）	dsb	250 kVp X 射线，急性，2 592 Gy/d，50 Gy	^{238}Pu α（3 MeV，125 keV/μm），中子（2.3 MeV），急性，1 080 Gy/d，1.7 和 5.6 Gy（源自图表）	1.0	N.E.	虽然与 X 射线不同，但 α 和中子辐照诱导 dsb 与致死性损伤之间呈现（近似）线性关系；在剂量≤10 Gy 时，可诱导 dsb 的α粒子的 RBE 高于中子的 RBE（>1），而在更高剂量（>20 Gy）时，RBE<1	Prise 等（1987）

续表

研究系统	终点	参考辐射暴露（急性或慢性、剂量率、总剂量）[1)]	受测辐射暴露（LET、急性/慢性、剂量率、总剂量）[2)]	报道的 RBE 值（95%CI，标注处）	RBE_m/RBE_M	备注	参考文献
V79-379A（中国仓鼠细胞系）	dsb	250 kVp X 射线，急性，2 520 Gy/d，25 Gy	^{238}Pu α（4.3 MeV，105 keV/μm），急性，86 400 Gy/d，未知总剂量	1.0	$RBE_M=2.4$（根据文章中的存活曲线图计算得出）	考虑实验条件，RBE 为 1（诱导 dsb）的可能性不高，因为其存活曲线与 Prise 等（1987）使用不同细胞受照方式的曲线相似；该 RBE 值（诱导 dsb 时为 1）与 Prise 等（1987）报道的一致	Fox 和 McNally（1990）
细菌（大肠杆菌）	突变	^{60}Co γ，未知照射类型，72 000～432 000 Gy/d，0～65 Gy	氦离子（26～105 keV/μm），^{210}Po、^{238}Pu，α（120～256 keV/μm），急性，未知剂量率，22～87 Gy（源自图表）	1.3～2.1	$RBE_m=1.06$	报道的 RBE 即为作者描述的“相对致死效能”；计算中使用的α粒子源或氦离子与图表和存活曲线标题中的不同；假定在文献中和图例中更细节的描述是正确的，然而图表标题中表示所有 LET 中仅使用氦离子是疏忽；果蝇和 T4 噬菌体在不同 LET 下的 RBE 计算结果源于其他研究	Nikjoo 等（1999）
人外周血淋巴细胞	染色体畸变	^{137}Cs γ，急性，720 Gy/d，0～4.0 Gy	^{241}Am α（2.7 MeV，150 keV/μm），急性，144 Gy/d，0～1.0 Gy	1.5	由于剂量测定不准确，RBE_M 的推算存疑	根据细胞的双着丝点染色体数量与吸收剂量的关系计算 RBE；剂量测量和细胞周期动力学存在不确定性	Schmid 等（1996）

续表

研究系统	终点	参考辐射暴露（急性或慢性、剂量率、总剂量）1)	受测辐射暴露（LET、急性/慢性、剂量率、总剂量）2)	报道的 RBE 值（95%CI，标注处）	RBE_m/RBE_M	备注	参考文献
EATC（艾氏腹水瘤细胞）	dsb	140 kV X 射线，未知照射类型，57 888 Gy/d，未知总剂量	^{241}Am α（面光源回旋加速器暴露）（65 keV/μm），外照射，未知照射类型，18 144 Gy/d，未知总剂量	1.6±0.4	N.E.	Bertsche(1978)与 Bertsche 和 iliakis（1982，1987）文献中详细阐述了辐照过程和剂量测定方法	Blöcher 等（1988）
HF-19（人成纤维细胞系）	DNA 断裂	250 kVp X 射线，急性，806.4 Gy/d，0～9.0 Gy	^{238}Pu α（3.24 MeV，128 keV/μm），急性，1 238 Gy/d，0～5.18 Gy	1.6～4.0			Bedford 和 Goodhead（1989）
V79（中国仓鼠细胞系）	失活和突变	^{60}Co γ，未知照射类型，未知剂量率，0～7.0 Gy	氦离子（20～100 keV/μm），未知照射类型，576～1 728 Gy/d，未知总剂量	1.7～4.3	RBE_m = 3.4～9.0	RBE_α 被定义为各剂量-效应曲线的线性项（α系数）之比，因此这些值可被视作 RBE_m	Cox 等（1977）
C3H 10T1/2（小鼠成纤维细胞系）	双着丝粒畸变	80 kVp X 射线，急性，1 440 Gy/d，未知总剂量	α（使用串列加速器）（177 keV/μm），急性，未知剂量率，0～3.0 Gy	2.0		文中 RBE 值对应的细胞存活率为 80%；当对应的细胞存活率为37%时，RBE = 1.8；作者所称的 RBE 实际是给定剂量时的效应比率	Durante 等（1992）
骨髓细胞（小鼠 CBA/H）	染色体畸变	250 kV X 射线，急性，1 051 Gy/d，0.73 Gy/min，0.5 Gy	^{239}Pu 急性，210×10⁶ Gy/d，0.005～0.8 Gy	2.0～3.0	N.E	未解释 RBE 如何计算；作者指出由于靶细胞剂量的不确定性，以及致断因数从母体组织转移到胎儿造血组织的可能性，RBE 为 50～100（在子宫内）仅是估计值	Kozlowski 等（2001）

续表

研究系统	终点	参考辐射暴露（急性或慢性、剂量率、总剂量）1)	受测辐射暴露（LET、急性/慢性、剂量率、总剂量）2)	报道的 RBE 值（95%CI，标注处）	RBE_m/RBE_M	备注	参考文献
HF-19（人成纤维细胞系）	染色体断裂	250 kVp X 射线，急性，806.4 Gy/d，0～9.0 Gy	^{238}Pu α（3.24 MeV，128 keV/μm），急性，1 238 Gy/d，0～5.18 Gy	2.16	RBE_M=2.3（根据提供的图片）		Bedford 和 Goodhead（1989）
V79（中国仓鼠细胞系）	失活	^{60}Co γ，未知照射类型，未知剂量率，0～7.0 Gy	^{14}N 离子（470 keV/μm），未知照射类型，576～1 728 Gy/d，未知总剂量	2.5	RBE_m=6.2	$RBE_α$被定义为各剂量-效应曲线的线性项（α系数）之比，因此这些值可被视作 RBE_m	Cox 等（1977）
V79（中国仓鼠细胞系）	突变	^{60}Co γ，未知照射类型，未知剂量率，0～7.0 Gy	^{10}B 离子（100～200 keV/μm），未知照射类型，576～1 728 Gy/d，未知总剂量	3.2～4.4	RBE_m=5.2 和 7.9	$RBE_α$被定义为各剂量-效应曲线的线性项（α系数）之比，因此这些值可被视作 RBE_m	Cox 等（1977）
C3H 10T1/2（小鼠成纤维细胞系）	染色体畸变	80 kVp X 射线，急性，1 440 Gy/d，未知总剂量	α射线（使用串列加速器）（177 keV/μm），急性，未知剂量率，0～3.0 Gy	5.1	RBE_M=2～10（根据 X 射线曲线的α/β、α粒子的平均致死剂量和 RBE 推算）	文中 RBE 值对应的细胞存活率为 80%；当对应的细胞存活率为 37%时，RBE=4.5；作者所称的 RBE 实际上是给定剂量下的效应比率	Durante 等（1992）
人血细胞	染色体畸变（双着丝粒）	250 kVp X 射线和 ^{60}Co γ，未知照射类型，未知剂量率，1、3 和 5 Gy	^{242}Cm α（4.4 MeV，140 keV/μm），未知照射类型，9.6～14.4 Gy/d，0.10～4.18 Gy	6.0	RBE=17.9（参考低剂量下的 ^{60}Co γ射线）	文中 RBE 与 X 射线（初始斜率处）相关；使用了先前实验中 ^{60}Co γ射线和 X 射线的数据	Edwards 等（1980）
EATC（埃利希腹水肿瘤细胞系）	总致命伤害，未修复的致命伤害，潜在的致命伤害	0.14 MeV X 射线，未知照射类型，未知剂量率，未知总剂量	α粒子（4.3 MeV，100 keV/μm）、未知照射类型、未知剂量率、未知总剂量	未提供 RBE	RBE_m=6.0（总致命伤害），11.6（未修复的致命伤害）和 0.8（潜在的致命伤害）	α的近似值必须从公布的数据推导出（Bertsche Iliakis, 1982），这涉及到一些不确定性；实验细节见 Bertsche 和 Iliakis（1982）	Bertsche 和 Iliakis（1987）

续表

研究系统	终点	参考辐射暴露（急性或慢性、剂量率、总剂量）[1)]	受测辐射暴露（LET、急性/慢性、剂量率、总剂量）[2)]	报道的 RBE 值（95%CI，标注处）	RBE_m/RBE_M	备注	参考文献
C3H 10T1/2（小鼠成纤维细胞系）	染色单体畸变	80 kVp X 射线，急性，1 440 Gy/d，未知总剂量	α（使用串列加速器）（177 keV/μm），急性，未知剂量率，0～3.0 Gy	6.5		文中 RBE 值对应的细胞存活率为 80%；当对应的细胞存活率为 37%时，RBE＝6.0；作者所称的 RBE 实际上是给定剂量下的效应比率	Durante 等（1992）
C3H 10T1/2（小鼠成纤维细胞系）	染色体断裂	80 kVp X 射线，急性，1 440 Gy/d，未知总剂量	α（使用串列加速器）（177 keV/μm），急性，未知剂量率，0～3.0 Gy	7.5		文中 RBE 值对应的细胞存活率为 80%；当对应的细胞存活率为 37%时，RBE＝6.3；作者所称的 RBE 实际上是给定剂量下的效应比率	Durante 等（1992）
C3H 10T1/2（小鼠成纤维细胞系）	片段缺失	80 kVp X 射线，急性，1 440 Gy/d，未知总剂量	α（使用串列加速器）（177 keV/μm），急性，未知剂量率，0～3.0 Gy	8.8		文中 RBE 值对应的细胞存活率为 80%；当对应的细胞存活率为 37%时，RBE＝6.9；作者所称的 RBE 实际上是给定剂量下的效应比率	Durante 等（1992）
肺成纤维细胞（幼龄雄性 Wistar 大鼠）	微核诱导	$^{60}Co\ \gamma$，急性，未知剂量率，未知总剂量	氡及其子体（低能量）；0.98、1.85 和 2.83 Gy/h（暴露 4 h）；0.06、0.12 和 0.17 Gy/h（暴露 67 h）；平均剂量 3.9、7.4 和 11.3 Gy（暴露详情见 Khan 等，1994）	10.1	RBE_M＝65.2～8.4（氡、低剂量率）	如果将所有的不确定性都考虑在内，报告的 RBE_M 值可能会要低得多，因为较高的校准值会导致等比例更小的 RBE 值	Brooks 等（1995）

续表

研究系统	终点	参考辐射暴露（急性或慢性、剂量率、总剂量）1)	受测辐射暴露（LET、急性/慢性、剂量率、总剂量）2)	报道的 RBE 值（95%CI，标注处）	RBE_m/RBE_M	备注	参考文献
V79-4 中国仓鼠细胞 2.3 生命期	突变频率（HGPRT）	250 kVp X 射线，急性，1 094 Gy/d，6.0 Gy	^{238}Pu α（100 keV/μm），（使用两种独立的方法，剂量率约为 10.8 rad/rev），0～2.8 Gy	10.3		在 X 射线剂量可导致存活率降低到 70%时计算 HGPRT 突变诱导的 RBE 值（X 射线剂量-响应曲线的二次拟合）；存活率为 37%和 10%的 RBE 分别为 9.0 和 7.4	Thacker 等（1982）
C3H/10T1/2 和 BALB/3T3（小鼠纤维母细胞系）	姐妹染色单体交换	220 kVp X 射线，急性，1 152 Gy/d，0～6.0 Gy	^{238}Pu α（5.4 MeV，130 keV/μm），急性，351.4 Gy/d，0～2.5 Gy	15.0～25.0	$RBE_m = 11$	报道了低剂量的 RBE（2.5～5.0 cGy），由于部分数据来自本文献，部分数据来自其他实验，数据来源未知	Nagasawa 等（1990）
GM10（人二倍体胚胎皮肤成纤维细胞系）	诱导突变	250 kVp X 射线，急性，2 880 Gy/d，1.3 Gy	^{238}Pu α（2.9 MeV，100 keV/μm），急性，5 184 Gy/d，2.5 Gy	18.0	N.E.	报道的 RBE 为突变频率在 $4×10^{-5}$ 时的。突变频率在 $11×10^{-5}$ 时 RBE = 13.3；由于 α 源的几何形状，只有培养皿中央部分的细胞被均匀照射	Chen 等（1984）
小鼠（C3Hx101/2 杂交雄性小鼠与远交的“R”雌性小鼠交配）	显性致死突变	^{60}Co γ，慢性，0.057 Gy/d，1.6 Gy	^{239}Pu α（极低强度延长的低 LET 钚辐照），急性，$8.64×10^{-4}$ Gy/d，0.025 Gy	22.0	N.E.	α 粒子的 RBE 是通过对每个终点的 α 辐射和 γ 辐射每 rad 单位剂量的诱导畸变率的比值来计算的	Searle 等（1976）

续表

研究系统	终点	参考辐射暴露（急性或慢性、剂量率、总剂量）1)	受测辐射暴露（LET、急性/慢性、剂量率、总剂量）2)	报道的 RBE 值（95%CI，标注处）	RBE_m/RBE_M	备注	参考文献
小鼠（C3Hx101/2 杂交雄性小鼠与非繁殖的“R”雌性小鼠交配）	染色体相互易位	^{60}Co γ，慢性，0.057 Gy/d，1.6 Gy	^{239}Pu α（极低强度延长的低 LET 钚辐照），急性，8.64×10^{-4} Gy/d，0.025 Gy	24	N.E.	α粒子的 RBE 是通过对每个终点的 α 辐射和γ辐射每 rad 单位剂量的诱导畸变率的比值来计算的	Searle 等（1976）
小鼠（C3Hx101/2 杂交雄性小鼠与非繁殖的“R”雌性小鼠交配）	染色体片段	^{60}Co，γ，慢性，0.057 Gy/d，1.6 Gy	^{239}Pu α（极低强度延长的低 LET 钚辐照），急性，8.64×10^{-4} Gy/d，0.025 Gy	24	N.E.	α粒子的 RBE 是通过对每个终点的 α 辐射和γ辐射每 rad 单位剂量的诱导畸变率的比值来计算的	Searle 等（1976）
中国仓鼠卵巢细胞	姐妹染色单体交换	220 kVp X 射线，急性，1 152 Gy/d，4.0 Gy	^{238}Pu α（3.7 MeV，130 keV/μm），急性，211.7 Gy/d，0.31～49 m Gy	＞100	N.E.	为了计算 RBE，作者使用了之前研究中对各种仓鼠细胞系的 X 射线数据，而没有对中国仓鼠细胞系进行说明	Nagasawa 和 Little（1992）
骨髓细胞（雄性小鼠 CBA/H）	造血干细胞个体群的细胞遗传畸变	250 kV X 射线，急性，1 080 Gy/d，3.0 Gy	^{238}Pu α（3.3 MeV，121 keV/μm），急性，288～1 152 Gy/d，0.25、0.50 和 1.00 Gy	极大	N.E.	研究表明α粒子的有效 RBE 接近无穷大	Kadhim 等（1992）
C3H10T1/2（小鼠成纤维细胞系）	体外细胞转化（与细胞生殖死亡、突变和染色体畸变进行比较）	^{137}Cs，γ射线和 300 kVp X 射线，未知的照射类型，未知的剂量率，未知的总剂量	^{239}Pu 被用于 Ullrich（1984）和 Lundgren 等（1987）的研究，未知的照射类型，未知的剂量率，未知的总剂量	5（对于 DNA 尺寸的靶）；4（对于核小体尺寸的靶）；＞100（对于染色质尺寸的靶，慢质子和α粒子）	N.E.	α粒子的 RBE 不是针对特定的生物群计算的，而是通过蒙特卡洛轨道结构计算的计算机建模计算的；来自中国仓鼠的在体外被 1.0 MeV 中子照射，剂量率为 3.0 和 1.0	Barendsen（1989）

续表

研究系统	终点	参考辐射暴露（急性或慢性、剂量率、总剂量）[1]	受测辐射暴露（LET、急性/慢性、剂量率、总剂量）[2]	报道的 RBE 值（95%CI，标注处）	RBE_m/RBE_M	备注	参考文献
C3H 10T1/2（小鼠成纤维细胞系）	总的、未修复和潜在的致命损伤	225 kVp X 射线，急性，1 728 Gy/d，0～7.0 Gy	^{28}Si（50 keV/μm），^{12}C（128 keV/μm），1 440～4 320 Gy/d 约 0～6.5 Gy（来自图表）	RBE＝1.0～4.0	总损伤 RBE_M＝2.3（^{28}Si），7.7（^{12}C）；未修复损伤 RBE_M＝4.23（^{28}Si），18.4（^{12}C）；潜在致命损伤 RBE_M＝1.0（^{28}Si），0（^{12}C）		Yang 等（1985）
V79-4（中国仓鼠细胞系）	突变诱导次黄嘌呤-鸟嘌呤磷酸基转移酶（HGPRT）	入射能量α粒子束（在入口单元格表面测量）（35.7 和 30.5 MeV），外照射，慢性，1 728～3 168 Gy，第 1 d: 0.5～4.0 Gy	α粒子(35.7 和 30.5 MeV，20.3～23 keV/μm)，外照射、慢性、未知剂量率，总剂量未知	质子与α粒子系数的比值分别是 1.85 和 2.07	N.E.	每种粒子 LET 的微小变化没有引起效应的显著改变，但质子在诱导突变方面的效应约是相同 LET 的α粒子的 2 倍（20 keV/μm 为 1.85，23 keV/μm 为 2.07）	Belli 等（1992）

注：1）除非有特别说明，为外照射；2）除非特别说明，为内照射。

C.1.5 α粒子的相对生物效能与实验体系

（C18）在 RBE 的研究中，大范围的各种实验体系，体外和体内都已被考虑。NCRP（1967）报道了对多种测试有机体终点的 RBE-LET 的实验曲线，包括对肉汤中的 T1 噬菌体、存活于空气中的酵母、孵化后或孵化中的虫卵、各种哺乳动物组织、蚕豆根尖生长和存活的影响等。

（C19）Chen（1984），Coquerelle（1987），Edwards（1980），Bedford（1989）和 Schmid（1996）等报道的研究都集中在与人体细胞相关的α粒子的 RBE，而这些研究被认为与所有哺乳动物细胞有关且与目前的评价有关。

（C20）回顾比格犬的骨癌诱导研究并从RBE的角度分析比较了发射α粒子的 ^{226}Ra 和发射β粒子的 ^{90}Sr（Mays 和 Finkel，1980）。在其他观察结果中，数据表明在最低剂量范围内 RBE 接近或大于 20，但在高剂量范围内数值反而减少；结论是，α发射体的 RBE 值随剂量的增加而降低，这主要是由于在低剂量和剂量率下，^{90}Sr β粒子每 Gy 的生物效能相对较低。

（C21）总结的小鼠数据中涉及生殖和造血系统的终点 RBE 值展现出一个相当大的范围。Rao 等（1991）报道了 ^{210}Po 暴露后精子头部异常的 RBE 为 245，细胞存活率为 37%时的 RBE 为 6.7（Rao 等，1989）。

（C22）Knowles（2001）报道了对鱼类的研究，发现暴露于α粒子的斑马鱼没有剂量效应关系，因为没有一个足够高的α剂量能达到导致停止产卵的预期效果。仅可能估计出 RBE 的一个保守上限值。

（C23）培养的小鼠胚胎来源的成纤维细胞系（C3H 10T1/2 和 BALB/3T3）是本出版物中引用的一些发病率研究中使用的模型系统。

（C24）中国仓鼠细胞系 V79 和 CHO-K1 是体外研究的主要模型系统，报道的 RBE 范围为 1～7，平均值约为 3。计算出的 RBE_m 范围为 1.7～12.8，平均值约为 8。

（C25）Suzuki 等（1989）报道了金仓鼠胚胎细胞暴露于重离子导致的细胞存活和转化情况。

（C26）关于大鼠（体内/离体）报道的实验 RBEs 范围为 1.1～10.7，平均值约为 4。

C.2　关于α粒子相对生物效能的总结

C.2.1　其他文献综述

（C27）本节简要报道了已有的 RBE 数据，其中不包含 ICRP 建议的关于人类的 RBE。

（C28）如前所述，NCRP（1967）讨论了内照射 RBE 的概念，该讨论包括哺乳动物产生躯体效应时的 RBE 值和系列观察终点下的剂量-效应曲线所推算出的 RBE 值，得出的结论是，高 LET 的 RBE 对照射剂量率不敏感，而低 LET 的 RBE 对照射剂量率有依赖关系。NCRP（1967）在不同实验对象和观察终点条件下制作了系列 RBE-LET 的曲线，并建议 LET 约为 300 keV/μm 射线照射培养的人体细胞，其最大的 RBE 约为 10。

（C29）Thompson 等（2002）在不同观察终点的条件下开展了数批实验并估算了α粒子的 RBE 值（表 C.5）。

（C30）Chambers 等（2005）回顾了已发表数据并总结了不同观察终点条件下 RBE 值的范围（表 C.6）。总体而言，对于种群相关的观察终点，这些学者推荐的α粒子的标称（生物群）辐射权重因数为 5，但考虑到实验数据的局限性，他们建议分别将引起组织反应和随机性效应的 RBE 范围定为 1～10 和 1～20。

（C31）以上讨论的报告以及其他作者，包括 Copplestone 等（2001）、加拿大环境和卫生部（2003）、Pröhl 等（2003）、Trivedi 和 Gentner（2002）、UNSCEAR（2008），提供了标称辐射权重因数的值（或值的范围），汇总于表 C.7 中。在考虑这些值时，需要注意 RBE 的估计值对应于所研究的特定的观察终点，包括生物、环境、暴露条件（如参考射线、照射剂量率和剂量）和其他因素。因此，正如 Pröhl 等在 FASSET 报告（2003）中指出的那样，很难确定一个普遍有效的辐射权重因数以用于环境风险的评估。

C.2.2　α粒子相对生物有效性的总体评价

（C32）此前 Pröhl 等（2003）和 UNSCEAR（2008）评估了发射α粒子核素的 RBE 和非人类生物群辐射权重因数。为考虑沉积于体内的α放射源的放射效应，Pröhl 等建议应以值为 10 的辐射权重因数修正吸收剂量（Pröhl 等，

2003；Larsson，2004）。在其最近对电离辐射对非人类生物群影响的评估中，UNSCEAR（2008）建议将修正因数设为 10，以反映其对α粒子 RBE 已有数据的判定。

（C33）目前的评估考虑了体内和体外实验数据。从体内研究中可以看到两个显著特征。首先，这些研究是在相对较低的剂量和剂量率下进行的，因此它们比使用更高剂量和剂量率的体外实验更接近环境暴露条件。其次，从维持生物种群（生殖能力、对卵母细胞、精子、免疫系统健康的影响）的角度来看，所研究的观察终点至关重要。大多数研究，尤其是那些与种群相关的观察终点的研究，报道的 REB 值小于 10。

表 C.5　α粒子的 RBE（Thompson 等，2002）

检测系统	观察终点	α放射源	RBE	参考文献
人二倍体成纤维细胞	染色体断裂	^{238}Pu	2.16±0.13	Bedford 和 Goodhead（1989）
Erlich 腹水肿瘤细胞	DNA 双键断裂	^{241}Am	2.7±0.4 3.8±1.2（10 Gy）	Blocher（1988）
大鼠肺成纤维细胞	双核细胞，微核	氡	65.2±8.4	Brooks 等（1995）
人成纤维细胞	细胞死亡，突变率	^{238}Pu	5.2，1.3，18	Chen 等（1984）
人外周血淋巴细胞	染色体畸变		15.00	Schmid 等（1992）
C3H 10T1/2 细胞	细胞死亡		4.5～5.1（80%细胞死亡）	Durante 等（1992）
V79-4 中国仓鼠细胞	DNA 双键断裂	^{238}Pu	1.19±0.18 1.16±0.16 （23 keV/μm）	Jenner 等（1992）
V79-4 中国仓鼠细胞	10%细胞存活	^{238}Pu	5.30	Jenner 等（1993）
V79-4 中国仓鼠细胞	DNA 双键断裂	^{238}Pu	0.68±0.12 （厌氧=3.0）	Jenner 等（1993）
SV40 转化的中国仓鼠胚胎细胞	基因序列	^{238}Pu	6.00	Lücke-Huhle 等（1986）
叙利亚仓鼠胚胎细胞	10%细胞存活	氡子体	7～12	Martin 等（1995）
叙利亚仓鼠胚胎细胞	形态转化	氡子体	60～90	Martin 等（1995）
C3H 10T1/2 细胞	细胞存活	^{238}Pu	4.6～7.9	Boberts 和 Goodhead（1987）
中国仓鼠卵巢细胞	染色体损伤		15～20	Brooks（1975）

表 C.6 Chambers 等报道的α粒子的 RBE 值（2005）

描述	举例	RBE 中位数	RBE 范围
人群相关的确定性效应观察终点	细胞、卵细胞或精子死亡，卵子产生	3.8	1.3～7.9
其他确定性效应观察终点	造血，精子头畸形，晶状体浑浊	1.22	1.22
随机性效应观察终点	染色体畸形，突变，姐妹染色体交换，DNA 双键断裂，微核	4.8	<1～19

表 C.7 α粒子对非人类生物群的辐射权重因数（相对于低 LET 辐射）

来源	名义值	备注
NCRP（1991）	1	剂量模型中的内置保守性
IAEA（1992）	20	与人类相同
Barendsen（1992）	2～10	中子和重离子的非随机效应
UNSCEAR（1996）	5	组织反应平均值
Trivedi 和 Gentner（2002）	10	种群相关的确定性效应观察终点
Copplestone 等（2001）	20	可能对组织反应保守
Environment Canada and Health Canada（2003）	40	包括高 RBE 的研究
CNSC（2002）	5～20（10）	5～10：组织反应（细胞杀伤，生殖） 10～20：癌症，染色体畸变 10：标称中心值
Pröhl 等（2003）	5～50（10）	α粒子的 RBE 为 10

C.3 参考文献

Barendsen G W, 1989. Relative biological effectiveness for carcinogenesis. In: KF Baverstock and JW Stather (Eds), Low Dose Radiation: Biological Bases of Risk Assessment.London；New York: Taylor and Francis: 467-476.

Barendsen G W, 1992. RBE for non-stochastic effects.Adv.Space Res., 12: 385-392.

Bedford J S, Goodhead D T, 1989. Breakage of human interphase chromosomes by alpha particles and X-rays. Int. J. Radiat. Biol., 55: 211-216.

Belli M, Goodhead D T, Ianzini F, et al, 1992. Direct comparison of biological effectiveness of protons and alpha particles of the same LET.II. Mutation induction at the HPRT locus in V79 cells. Int. J. Radiat. Biol., 61: 625-629.

Bertsche U, Iliakis G. 1987. Modifications in repair and expression of potentially lethal damage (alpha-PLD) as measured by delayed plating or treatment with beta-araA in plateau-phase Ehrlich ascites tumor cells after exposure to charged particles of various specific energies. Radiat. Res., 111: 26-46.

Blöcher D, 1988.DNA double-strand break repair determines the RBE of alpha-particles. Int. J. Radiat. Biol., 54: 761-771.

Brooks A L, 1975. Chromosome damage in liver cells from low dose rate alpha, beta, and gamma irradiation: derivation of RBE. Science, 190: 1090-1092.

Brooks A L, Miick R, Buschbom R L, et al, 1995. The role of dose rate in the induction of micronuclei in deep-lung fibroblasts in vivo after exposure to cobalt-60 gamma rays. Radiat. Res., 144: 114-118.

Burns F J, Albert R E, Heimbach R D, 1968. The RBE for skin tumors and hair follicle damage in the rat following irradiation with alpha particles and electrons. Radiat. Res., 36: 225-241.

Chambers D B, Osborne R V, Garva A L, 2005. Choosing an alpha radiation weighting factor for doses to non-human biota. J. Environ. Radioact., 87: 1-14.

Chen D J, Strniste G F, Tokita N, 1984. The genotoxicity of alpha particles in human embryonic skin fibroblasts. Radiat. Res., 100: 321-327.

CNSC, 2002. Protection of Non-human Biota from Ionizing Radiation. Advisory Committee on Radiological Protection. INFO-0703. Canadian Nuclear Safety Commission, Ottawa.

Copplestone D, Bielby S, Jones S R, et al, 2001. Impact Assessment of Ionising Radiation on Wildlife. R&D Publication 128. Environment Agency, Bristol.

Coquerelle T M, Weibezahn K F, Lucke-Huhle G, 1987. Rejoining of double-strand breaks in normal human and ataxia-telangiectasia fibroblasts after exposure to ^{60}Co γ-rays, ^{241}Am a-particles or bleomycin. Int. J. Radiat. Biol., 51: 209-218.

Cox R, Thacker J, Goodhead D T, et al, 1977. Mutation and inactivation of mammalian cells by various ionizing radiations. Nature, 267: 425-427.

Durante M, Grossi G F, Napolitano M, et al, 1992. Chromosome damage induced by high-LET α-particles in plateau-phase C3H 10T1/2 cells. Int. J. Radiat. Biol., 62: 571-580.

Edwards A A, Purrott R J, Prosser J S, et al, 1980. The induction of chromosome aberrations in human lymphocytes by alpha radiation. Int. J. Radiat. Biol., 38: 83-91.

Environment Canada, Health Canada, 2003. Second Priority Substances List Assessment Report. Releases of Radionuclides from Nuclear Facilities (Impact on Non-human Biota). PSL2. Environment Canada and Health Canada, Ottawa.

Feola J M, Lawrence J H, Welch G P, 1969. Oxygen enhancement ratio and RBE of helium ions on mouse lymphoma cells. Radiat. Res., 40: 400-413.

Fisher D R, Frazier M E, Andrews T K Jr, 1985. Energy distribution and the relative biological effects of internal alpha emitters. Radiat. Prot. Dosim., 13: 223-227.

Ford J R, Terzaghi-Howe M, 1993. Effects of ^{210}Po alpha particles on survival and preneoplastic transformation of primary rat tracheal epithelial cells irradiated while in suspension or in the intact tissue. Radiat. Res., 136: 89-96.

Fox J C, McNally N J, 1990. The rejoining of DNA double-strand breaks following irradiation with ^{238}Pu α-particles: evidence for a fast component of repair as measured by neutral filter elution. Int. J. Radiat. Biol., 57: 513-521.

Goodhead D T, 1992. Track structure considerations in low dose and low dose rate effects of ionizing radiation. Adv. Radiat. Biol., 16: 7-44.

Goodhead D T, Belli M, Mill A J, et al, 1992. Direct comparison between protons and alpha-particles of the same LET: I. Irradiation methods and inactivation of asynchronous V79, HeLa and C3H 10T? cells. Int. J. Radiat. Biol., 61: 611-624.

Grahn D, Frystak B H, Lee C H, et al, 1979. Dominant lethal mutations and chromosome aberrations induced in male mice by incorporated Pu-239 and by external fission neutron and gamma irradiation. In: Biological Implications of Radionuclides Released from Nuclear Industries. International Atomic Energy Agency, Vienna: 163-184.

Hei T K, Komatsu K, Hall E J, et al, 1988. Oncogenic transformation by charged particles of defined LET. Carcinogenesis, 9: 747-750.

Hieber L, Posnel G, Roos H, et al, 1987. Absence of a dose-rate effect in the transformation of C3H 10T1/2 cells by alpha-particles. Int. J. Radiat. Biol., 52: 859-869.

Howell R W, Azure M T, Narra V R, et al, 1994. Relative biological effectiveness of alpha-particle emitters in vivo at low doses. Radiat. Res., 137: 352-360.

Howell R W, Goddu S M, Narra V R, et al, 1997. Radiotoxicity of gadolinium-148 and radium-223 in mouse testes: relative biological effectiveness of alpha-particle emitters in vivo. Radiat. Res., 147: 342-348.

IAEA, 1992. Effects of Ionizing Radiation on Plants and Animals at Levels Implied by Current Radiation Protection Standards. Technical Reports Series No.332. International Atomic Energy Agency, Vienna.

ICRP, 2008. Environmental protection - the concept and use of Reference Animals and Plants. ICRP Publication 108. Ann. ICRP 38(4-6).

Jenner T J, Belli M, Goodhead D T, et al, 1992. Direct comparison of biological effectiveness of protons and alpha-particles of the same LET. III. Initial yield of DNA double strand breaks in V79 cells. Int. J. Radiat. Biol., 61: 631-637.

Jenner T J, deLara C M, Oneill P, et al, 1993. Induction and rejoining of DNA doublestrand breaks in V79-4 mammalian cells following gamma and alpha irradiation. Int. J. Radiat. Biol., 64: 265-273.

Jiang T N, Lord B I, Hendry J H, 1994. Alpha particles were extremely damaging to developing hemopoiesis compared to gamma irradiation.Radiat. Res., 137: 380-384.

Kadhim M A, Macdonald D A, Goodhead D T, et al, 1992. Transmission of chromosomal instability after plutonium a-particle irradiation. Nature, 355: 738-740.

Khan M A, Cross F T, Jostes R F, et al, 1994. Micronuclei induced by radon and its progeny in deep-lung fibroblasts of rats in vivo and in vitro. Radiat. Res., 139: 53-59.

Knowles J F, 2001. An Investigation into the Effects of Chronic Radiation on Fish. R&D Technical Report P3-053/TR. Centre for Environment, Fisheries & Aquaculture Science, Lowestoft: 1-42.

Kozlowski R, Bouffler S D, Haines J W, et al, 2001. In utero haemopoietic sensitivity to alpha, beta or X-irradiation in CBA/H mice. Int. J. Radiat. Biol., 77: 805-815.

Kugel C, Tourdes F, Poncy J L, et al, 2002. RBE of a-irradiation for in vitro relative transformation of rat tracheal epithelial cells. Ann. Occup. Hyg., 46: 285-287.

Larsson C M, 2004. The FASSET framework for assessment of environmental impact of 89onizing radiation in European ecosystems-an overview. J. Radiol. Prot., 24: A1-A12.

Lord B I, Mason T M, 1996. On the relative biological effectiveness of alpha-particle irradiation with respect to hemopoietic tissue. Radiat. Res., 145: 510-518.

Lücke-Huhle C, Pech M, Herrlich P, 1986. Selective gene amplification in mammalian cells after exposure to ^{60}Co gamma-rays, ^{241}Am alpha particles, or UV light. Radiat. Res., 106: 345-355.

Lundgren D L, Gillett N A, Hahn F F, et al, 1987. Effects of protraction of the alpha dose to the lungs of mice by repeated inhalation exposure to aerosols of $^{239}PuO_2$. Radiat. Res., 111: 201-224.

Manti L, Jamali M, Prise K M, et al, 1997. Genomic instability in Chinese hamster cells after exposure to x-rays or alpha particles of different mean linear energy transfer. Radiat. Res., 14: 22-28.

Martin S G, Miller R G, Geard C R, et al, 1995. The biological effectiveness of radonprogeny alpha particles. Iv. Morphological transformation of Syrian hamster embryo cells at low doses. Radiat. Res., 142: 70-77.

Mason T M, Lord B I, Molineux G, et al, 1992. Alpha-irradiation of haemopoietic tissue in pre-and postnatal mice. 2. Effects of mid-term contamination with ^{239}Pu in utero. Int. J. Radiat. Biol., 61: 393-403.

Mays C W, Dougherty T F, Taylor G N, et al, 1969. Radiation induced bone cancer in beagles. In: Delayed Effects of Bone Seeking Radionuclides. University of Utah Press, Salt Lake City, UT: 387-408.

Mays C W, Finkel M P, 1980. RBE of alpha-particles versus beta-particles in bone sarcoma induction.In: Radiation Protection: a Systematic Approach to

Safety: Proceedings of the 5th Congress of the International Radiation Protection Society, Jerusalem. Pergamon Press, Oxford.

Miller R C, Geard C R, Brenner D J, et al, 1989. Neutron-energy-dependent oncogenic transformation of C3H 10T 1/2 mouse cells. Radiat. Res., 117: 114-127.

Miller R C, Brenner D J, Randers-Pehrson G, et al, 1990. The effects of the temporal distribution of dose on oncogenic transformation by neutrons and charged particles of intermediate LET. Radiat. Res., 124: S62-S68.

Miller R C, Marino S A, Brenner D J, et al, 1995. The biological effectiveness of radonprogeny alpha particles.II.Oncogenic transformation as a function of linear energy transfer. Radiat. Res., 142: 54-60.

Muller W A, Luz A, Schaffer E H, et al, 1983. The role of time-factor and RBE for the induction of osteosarcomas by incorporated short-lived bone-seekers. Health Phys., 44: 203-212.

Nagasawa H, Robertson J, Little J B, 1990. Induction of chromosomal aberrations and sister chromatid exchanges by alpha particles in density-inhibited cultures of mouse 10T½ and 3T3 cells. Int. J. Radiat. Biol., 57: 35-44.

Nagasawa H, Little J B, 1992. Induction of sister chromatid exchanges by extremely low doses of α-particles. Cancer Res., 52: 6394-6396.

NCRP, 1967. Dose-effect Modifying Factors in Radiation Protection.BNL 50073(T-471). National Council on Radiation Protection and Measurements, Bethesda, MD.

NCRP, 1991. Effects of Ionizing Radiation on Aquatic Organisms. NCRP Report No.109. National Council on Radiation Protection and Measurements, Bethesda, MD.

Nikjoo H, Munson R J, Bridges B A, 1999. RBE-LET relationships in mutagenesis by ionizing radiation. J. Radiat. Res., 40: 85-109.

Oghiso Y, Yamada Y, 2003. Comparisons of pulmonary carcinogenesis in rats following inhalation exposure to plutonium dioxide or X-ray irradiation. J. Radiat. Res., 44: 261-270.

Petin V G, 1979. Effect of gamma and alpha irradiation on survival of wild-type and sensitive mutants of yearst.Mutation Research/Fundamental and Molecular Mechanisms of Mutagenesis, 60(1): 43-49.

Petin V G, Kabakova N M, 1981. RBE of densely ionizing radiation for wild-type and radiosensitive mutants of yeast. Mutat. Res., 82: 285-294.

Prise K M, Davies S, Michael B D, 1987. The relationship between radiation-induced DNA double-strand breaks and cell kill in hamster V79 fibroblasts irradiated with 250 kVp X-rays, 2.3 MeV neutrons or ^{238}Pu a-particles. Int. J. Radiat. Biol., 52: 893-902.

Pröhl G, Brown J, Gomez-Ros J M, et al, 2003. Dosimetric models and data for assessing radiation exposure to biota.Deliverable 3 to the Project "FASSET" Framework for the assessment of Environmental Impact, contract No. Contract No. FIGE-CT-2000-00102. Stockholm: Swedish Radiation Protection Authority.

Rao D V, Sastry K S, Gnmmond H E, et al, 1988. Cytotoxicity of Some Indium. J Nucl Med, 29: 375-384.

Rao D, Roger V, Howell W, et al, 1989. In-vivo radiotoxicity of DNA-incorporated ^{125}I compared with that of densely onizing alpha-particles. Lancet, 334: 650-653.

Rao D, Venkateswara V, Narra R, et al, 1991. Induction of sperm head abnormalities by incorporated radionuclides: dependence on subcellular distribution, type of radiation, dose rate, and presence of radioprotectors. Radiat. Res., 125: 89-97.

Roberston J B, Koehler A, George J, et al, 1983. Oncogenic transformation of mouse Balb/3T3 cells by plutonium-238 α-particles. Radiat. Res., 96: 261-274.

Roberts C J, Goodhead D T, 1987. The effect of ^{238}Pu a-particles on the mouse fibroblast cell line C3H 10T1/2: characterization of source and RBE for cell survival. Int. J. Radiat. Biol., 52: 871-882.

Samuels L D, 1966. Effects of polonium-210 on mouse ovaries. Int. J. Radiat. Biol., 11: 117-129.

Schmid E, Hieber L, Heinzmann U, et al, 1996. Analysis of chromosome aberrations in human peripheral lymphocytes induced by in vitro α-particle irradiation. Radiat. Environ. Biophys., 35: 179-184.

Schwartz J L, Rotmensch J, Atcher R W, et al, 1992. Interlaboratory comparison of different alpha-particle and radon sources: cell survival and relative biological effectiveness. Health Phys., 62: 458-461.

Searle A G, Beechey C V, Green D, et al, 1976. Cytogenetic effects of protracted exposures to alpha-particles from plutonium-239 and to gamma-rays from cobalt-60 compared in male mice. Mutat. Res., 41: 297-310.

Searle A G, Beechey C V, Green D, et al, 1980. Comparative effects of protracted exposures to ^{60}Co γ-radiation and ^{239}Pu α-radiation on breeding performance in female mice. Int. J. Radiat. Biol., 37: 189-299.

Suzuki M, Watanbe M, Suzuki K, et al, 1989. Neoplastic cell transformation by heavy ions. Radiat. Res., 120: 468-476.

Thacker J, Stretch A, Goodhead D T, 1982. The mutagenicity of α-particles from plutonium-238. Radiat. Res., 92: 343-352.

Thomassen D G, Seiler F A, Shyr L J, et al, 1990. Alpha-particles induce preneoplastic transformation of rat tracheal epithelial cells in culture. Int. J. Radiat. Biol., 57: 395-405.

Thompson P A, Macdonald C R, Harrison F, 2002. Recommended RBE Weighting Factors for the Ecological Assessment of Alpha-emitting Radionuclides and Tritium Beta Particles.Third International Symposium on the Protection of the Environment from Ionising Radiation, 22-26 July 2002, Darwin, Australia.

Trivedi A, Gentner N E, 2002. Ecodosimetry Weighting Factor (eR) for Non-human Biota. Paper T-1-5, P-2 a-114. In: IRPA-10.Proceedings of the International Radiation Protection Association, 14-19 May 2000, Hiroshima, Japan.

Ullrich R, 1984. Tumor Induction in BALB/c Mice after Fractionated or Protracted Exposures to Fission-Spectrum Neutrons.Radiation Research, 97(3): 587-597. Doi: 10.2307/3576150

UNSCEAR, 1996. Sources and Effects of Ionizing Radiation. Report to the General Assembly, with Scientific Annex.United Nations Sales Publication E.96.IX.3. United Nations Scientific Committee on the Effects of Atomic Radiation, New York.

UNSCEAR, 2008. Sources and Effects of Ionizing Radiation, Volume II, Annex E. Effects of Ionizing Radiation on Non-human Biota. Report to the General Assembly with Scientific Annexes.United Nations Sales Publication E.11.IX.3. United Nations Scientific Committee on the Effects of Atomic

Radiation, New York.

Yang T C, Craise L M, Mei M T, et al, 1985. Neoplastic cell transformation by heavy charged particles. Radiat. Res., 104: SI77-S187.

Zyuzikov N A, Prise K M, Zdzienicka M Z, et al, 2001. The relationship between the RBE of alpha particles and the radiosensitivity of different mutations of Chinese hamster cells. Radiat. Environ. Biophys., 40: 243-248.

词汇表

1. 自然环境（Natural environment）

野生动植物正常生活的所有物理、化学和生物条件的总称。

2. 品质因数［Quality factor，$Q(L)$］

表征辐射生物有效性的因素，基于沿组织中带电粒子轨迹的电离密度。Q 定义为水中带电粒子的无限制线性能量传递 L_∞（通常表示为 L 或 LET）的函数：

$$Q(L)=\begin{cases}1 & L<10\ \text{keV}/\mu\text{m}\\ 0.32L-2.2 & 10\leqslant L\leqslant 100\ \text{keV}/\mu\text{m}\\ 300/\sqrt{L} & L>100\ \text{keV}/\mu\text{m}\end{cases}$$

在等效剂量的定义中，Q 已被辐射权重因数所取代，但仍用于计算监测中使用的操作剂量等效量。

3. 辐射权重因数（Radiation weighting factor，W_R）

一种以现有科学知识为基础，用于表示特定类型辐射的相对生物效能的实用方法（函数或数值），并以协商一致方式或通过建议方式予以采用。在人体放射防护系统中，用于定义等效剂量，并从器官或组织的平均吸收剂量中得出等效剂量。

4. 相对生物效能（Relative biological effectiveness，RBE）

低 LET 参考辐射剂量（通常为 ^{60}Co 射线或千伏 X 射线）与被认为具有相同生物学效应的试验辐射剂量之比。RBE 值随剂量、剂量分隔、剂量率和所考虑的生物学终点而变化。

5. 最大相对生物效能（针对组织学反应，RBE_m）

RBE 的最大值来自组织反应数据。RBE 存在剂量依赖性，当剂量降至约 0.1 Gy 以下时，该依赖性达到最大值。RBE_m 是零剂量时剂量-效应曲线斜率的计算比值。

6. 最大相对生物效能（针对随机性效应，RBE_M）

针对随机效应（如致癌作用）得出的 RBE 最大值。RBE 存在剂量依赖性，当剂量降至约 0.1 Gy 以下时，该依赖性达到最大值。RBE_M 是零剂量时剂量－效应曲线斜率的计算比值。

致 谢

本出版物提供了研究的回顾和总结，这些研究允许推导α放射性核素和低能β发射体（如氚）的辐射加权因数，以应用于RAP的剂量评估，同时考虑到与保护生物多样性的维护和生物群物种的保护（死亡率、生育力和发病率），并讨论了建议值的使用。

ICRP 感谢所有参与编写本出版物的人员多年来的辛勤工作和奉献。

任务组72名成员（2007—2021年）

K.A. Higley（主席）	D. Chambers	D. Kocher
A. Real（秘书）	J.H. Hendry	F. Paquet

主委员会成员

J.D. Harrison　　W. Rühm

编辑成员

C.H. Clement（ICRP 年鉴主编兼科学秘书）

H. Fujita（ICRP 年鉴副主编兼助理科学秘书）

编制本出版物期间的第5分委员会成员

（2005—2009年）

R.J. Pentreath（主席）	K.A. Higley	K. Sakai（2006—）
C-M. Larsson（副主席）	A. Johnston	P. Strand
F. Bréchignac	G. Pröhl	
M. Doi（—2006）	A. Real	

（2009—2013 年）

R.J. Pentreath（主席）	F. Bréchignac	K. Sakai
C-M. Larsson（副主席）	D. Copplestone	P. Strand
K. Higley（秘书，—2011）	A.R. Gallego（—2011）	
A. Ulanovsky（2011—）	A. Real（秘书，2011—）	
G. Pröhl（—2011）		

（2013—2017 年）

K. Higley（主席，2016—）	J. Garnier-Laplace	P. Strand
C-M. Larsson（主席，2016—）	J.V.i Battle	A. Ulanovsky
A. Real（副主席，2016—）	J. Li	
D. Copplestone（秘书，2016—）	K. Sakai	

编制本出版物期间的第 4 分委员会成员

（2017—2021 年）

D.A. Cool（主席）	A. Canoba	Y. Mao
K.A. Higley（副主席）	D. Copplestone	N. Martinez
J-F. Lecomte（秘书）	E. Gallego	A. Nisbet
N. Ban	G. Hirth	T. Schneider
F. Bochud	T. Homma	S. Shinkarev
M. Boyd	C. Koch	J. Takala

本出版物批准时的主委员会成员

主席：C. Cousins（英国）

副主席：J. Lochard（法国）

科学秘书*：C.H. Clement（加拿大），E-mail：sci.sec@icrp.org

K.E. Applegate（美国）	S. Liu（中国退休成员）
S. Bouffler（英国）	S. Romanov（俄罗斯联邦）
R.H. Clarke（英国）	K.W. Cho（韩国）
W. Rühm（德国）	F.A. Mettler Jr（美国）
D.A. Cool（美国）	R.J. Pentreath（英国）
J.D. Harrison（英国）	R.J. Preston（美国）

M. Kai（日本） C. Streffer（德国）
C-M. Larsson（澳大利亚） E. Vaňó（西班牙）
D. Laurier（法国）
（注：*虽然自 1988 年以来正式不再是成员，但科学秘书是主委员会不可分割的一部分。）

ICRP 和第 72 任务组的成员感谢 R.J. Pentreath 对本出版物的有益点评。

最后，非常感谢所有在咨询过程中对本出版物草稿提出意见的组织和个人。